普通高等教育"十三五"规划教材

环境微生物学实验

张小凡　袁海平　编

化学工业出版社

·北京·

内容简介

《环境微生物学实验》主要由环境微生物学基础实验、环境微生物学应用技术和环境微生物学综合实验三部分组成。内容包括：微生物染色以及形态和结构观察等基础实验；微生物分离与纯化、微生物接种与菌种保藏、水中细菌总数和大肠菌群的检测等应用技术实验；光合细菌的筛选及有机物降解、硝化-反硝化细菌的筛选及其性能测定、纤维素降解菌的筛选及纤维素降解实验、难降解有机污染物降解菌的筛选及其性能测定、降解菌的 16S rRNA 基因序列测定及比对实验、Ames 致突变试验等结合实际应用设计的综合创新实验。

《环境微生物学实验》可供高等学校环境科学、环境工程、给水排水科学与工程、生态工程、园艺、植保、农学等专业的本科生作为教材使用，还可供广大环境科学研究人员、环境治理工程技术人员参考阅读。

图书在版编目（CIP）数据

环境微生物学实验/张小凡，袁海平编. —北京：化学
工业出版社，2021.1（2021.9 重印）
普通高等教育"十三五"规划教材
ISBN 978-7-122-37414-1

Ⅰ.①环…　Ⅱ.①张…　②袁…　Ⅲ.①环境微生物学-
实验-高等学校-教材　Ⅳ.①X172-33

中国版本图书馆 CIP 数据核字（2020）第 129547 号

责任编辑：满悦芝　　　　　　　　　　文字编辑：刘洋洋　陈小滔
责任校对：赵懿桐　　　　　　　　　　装帧设计：张　辉

出版发行：化学工业出版社（北京市东城区青年湖南街 13 号　邮政编码 100011）
印　　装：天津盛通数码科技有限公司
787mm×1092mm　1/16　印张 13¼　字数 320 千字　　2021 年 9 月北京第 1 版第 2 次印刷

购书咨询：010-64518888　　　　　　　售后服务：010-64518899
网　　址：http://www.cip.com.cn
凡购买本书，如有缺损质量问题，本社销售中心负责调换。

定　　价：49.80 元

前　言

环境微生物学实验（environmental microbiology experiment）是环境微生物学教学的一个重要环节，也是解决环境问题的重要方法和手段，它既包括微生物学理论和方法的研究，又包括分子生物学方法和技术在环境保护中的应用。掌握环境微生物学实验的基本原理和操作技术，不仅可以加深学生对所学理论知识的理解和消化，更重要的是能够培养学生实际动手能力、独立分析解决问题的能力，以及科研创新能力。

本书中微生物学实验分为三个部分：环境微生物学基础实验、环境微生物学应用技术和环境微生物学综合实验。环境微生物学基础实验突出普通微生物学实验的特点，系统介绍了显微镜操作、微生物个体形态观察、微生物细胞染色、微生物细胞大小的测定、细胞的计数、培养基的配制及消毒灭菌技术等微生物学实验的基础研究手段。环境微生物应用技术由微生物分离与纯化、微生物接种与菌种保藏、厌氧微生物的培养、微生物生长谱的测定、细菌生长曲线的测定、微生物的生理生化试验、微生物酶活性测定、土壤微生物呼吸速率的测定、水中细菌总数和大肠菌群的测定、藻类叶绿素 a 的测定、荧光原位杂交试验、活性污泥中微生物总 DNA 的提取及微生物 16S rRNA 的 PCR 扩增技术等部分组成。环境微生物综合实验包括光合细菌的筛选及有机物降解实验、硝化-反硝化细菌的筛选及其性能测定、纤维素降解菌的筛选及纤维素降解实验、难降解有机磷农药降解菌的筛选及其性能测定、降解菌的 16S rRNA 基因序列测定及比对实验、Ames 致突变试验等。整个教材中贯穿了显微镜使用、无菌操作、菌种筛选、鉴定、菌种保藏这一主线，其内容既注重培养学生对基础知识、基本理论、基本技能的理解和掌握，也强调对学生综合能力和创新意识的培养与训练。

本教材可供高等院校环境科学与环境工程专业作为专业基础课教材使用，也可供与环境保护有关的科技人员、管理人员参考。参加本书编写工作的有张小凡（第 1 章、第 2 章和第 3 章部分内容），袁海平（第 3 章和第 4 章部分内容），最后由张小凡对全书进行审定，袁海平负责统稿。本书在编写过程中参考了国内外许多优秀教材及科研论文，从中得到许多启发和教益，对于所参考的文献资料，在此向其作者谨致谢忱。由于编者水平和编写时间的限制，编写中的疏漏和错误难免，期盼广大读者和业内同仁提出宝贵意见。

编者

2020 年 12 月

目 录

1 绪论

2　环境微生物学基础实验

3 环境微生物学应用技术

4　环境微生物学综合实验

附　　录

1 绪 论

1.1 环境微生物学实验安全须知

1.1.1 无菌操作要求

① 进行微生物接种时必须穿实验服。

② 接种环境样品时，必须穿戴专用的实验服、帽及拖鞋，实验服、帽及拖鞋应放在无菌室缓冲间，工作前经紫外线消毒后使用。

③ 接种环境样品时，应在进无菌室前用肥皂洗手，然后用75%酒精棉球将手擦干净。

④ 接种时所用的移液枪头、平皿及培养基等必须经消毒灭菌；打开包装未使用完的器具，放置后不能再使用；金属用具应高压灭菌或将95%酒精点燃烧灼后使用。

⑤ 从包装中取出移液枪头时，枪头尖部不能触及其他物体，使用移液枪接种于试管或平皿时，枪头尖不得触及试管或平皿边缘外侧。

⑥ 接种样品、转接菌种时必须在酒精灯前操作，接种菌种或样品时，打开的试管及试管塞都要通过火焰消毒。

⑦ 接种前，接种环（针）的全部金属丝均需经火焰烧灼灭菌。

1.1.2 无菌间使用要求

① 无菌间内应保持清洁，工作后用2%～3%煤酚皂溶液（来苏尔）擦拭工作台面消毒，台面上不得存放与实验无关的物品。

② 无菌间使用前后应将门关紧，打开紫外灯，如采用室内悬吊紫外灯消毒，需使用30W紫外灯，距离在1m处，照射时间不少于30min。使用紫外灯时，应注意不得直接在紫外线下操作，以免引起灼伤。灯管每隔两周需用酒精棉球轻轻擦拭，除去上面的灰尘和油垢，以减少其对紫外杀菌效果的影响。

③ 在无菌间内处理样品或接种菌种时，不得随意出入，如需要传递物品，可通过小窗传递。

④ 在无菌间内如需要安装空调，则应有过滤装置。

1.1.3 培养基制备要求

培养基制备的质量将直接影响微生物生长。虽然各种微生物对其营养要求不完全相同，培养目的也不相同，但各种培养基的制备都有其基本要求。

① 根据培养基配方的成分按量称取，然后溶于蒸馏水中，在用前对使用的试剂药品进行质量检验。

② pH 测定及调节：pH 测定要在培养基冷却至室温时进行，因在热或冷的情况下，其 pH 有一定差异。培养基 pH 值一定要准确，否则会影响微生物的生长或结果的观察。但需注意的是高压灭菌可使一些培养基的 pH 降低或升高，故灭菌压力不宜过高或次数太多，以免影响培养基的质量，指示剂、去氧胆酸钠、琼脂等一般在调完 pH 后再加入。

③ 培养基需保持澄清，以便观察细菌的生长情况。如配好的培养基出现浑浊现象，要认真检查培养基配方及各营养成分的添加量。

④ 盛装培养基不宜用铁、铜等容器，使用洗净的中性硬质玻璃容器为好。

⑤ 培养基的灭菌既要达到完全灭菌的目的，又要注意防止不耐热营养成分的分解破坏，一般 121℃、15min 即可。培养基中如含有糖类、明胶等不耐高温物质，则应采用低温灭菌或间歇法灭菌，一些不能加热的试剂如亚碲酸钾、TTC、抗生素、维生素等，应使用过滤方式除菌，待基础培养基高压灭菌冷却至 50℃ 左右再加入。

⑥ 每批培养基制备好后，应做无菌生长试验及所检菌株生长试验。如果是生化培养基，使用标准菌株接种培养，观察生化反应结果，应呈正常反应。培养基不应贮存过久，必要时可置于 4℃ 冰箱存放。

⑦ 使用培养基试剂盒时，需根据产品说明书进行配制。每批商品需用标准菌株进行生长试验或生化反应观察，确认无问题后方可使用。

⑧ 每批制备的培养基所用化学试剂、灭菌情况、相应菌株生长试验结果及相关制作人员等应做好记录，以备查询。

1.1.4 样品采集及处理要求

① 采样应注意无菌操作，采样容器必须灭菌。容器灭菌不得使用煤酚皂溶液或新洁尔灭、酒精等消毒剂，更不能盛放此类消毒剂或抗生素类药物，以避免杀死样品中的微生物。所用剪、刀、匙等用具也需灭菌后方可使用。

② 样品采集后应立即送往实验室进行检验，样品存放时间一般不超过 3h，如路程较远，可保存在 1~5℃ 环境中，如需冷冻的样品，则在冻存状态下送检。

③ 液体样品接种时，应充分混合均匀，按量吸取进行接种。

④ 固体样品可称取 5g，置于 95mL 无菌生理盐水或其他溶液中，用均质器搅碎混匀后，按量吸取接种。

1.1.5 有毒有菌污物处理要求

微生物实验所用实验器材、培养物等未经消毒处理，一律不得带出实验室。

① 实验室使用过的污染材料及废弃物应放在严密的容器内，并集中存放在指定地点，统一进行高压灭菌。

② 被微生物污染的培养物，必须经 121℃、30min 高压灭菌。

③ 使用过的移液枪头，应放在利器盒中，统一进行高压灭菌。

④ 涂片染色时用来冲洗玻片的液体，一般可直接冲入下水道，病源菌的冲洗液必须收集在烧杯中，经高压灭菌后方可倒入下水道，染色的玻片放入 5% 煤酚皂溶液中浸泡 24h 后，煮沸洗涤。

⑤ 台面、地面如被溅出的培养物污染，应立即用 5% 煤酚皂溶液或石炭酸液喷洒和浸泡被污染部位，浸泡 30min 后再擦拭干净。

⑥ 被污染的实验服，应放入专用消毒袋内，经高压灭菌后方能洗涤。

⑦ 微生物实验中的一次性手套及沾染 EB（致癌物质）的物品应统一收集和处理，不得丢弃在普通垃圾箱内。

1.2 环境微生物学实验的安全防护

1.2.1 生物材料分类与实验室安全等级

实验室使用生物材料时，可能会对实验室工作人员和环境安全造成一定的威胁，因此，工作人员必须按照既定标准规范正确处理这些生物材料。这些标准包括《实验室 生物安全通用要求》（GB 19489—2008）、《病原微生物实验室生物安全通用准则》（WS 233—2017）等。

国家根据病原微生物的传染性和感染后对个体或者群体的危害程度，将病原微生物分为四类。

（1）一类病原微生物

是指能够引起人类或者动物患非常严重的疾病的微生物，以及我国尚未发现或者已经宣布消灭的微生物。这类微生物的实验室操作应该在 BSL-4 实验室进行。

（2）二类病原微生物

是指能够引起人类或者动物患严重疾病，比较容易直接或者间接在人与人、动物与人、动物与动物间传播的微生物。这类微生物的实验室操作应该在 BSL-3 实验室进行。

（3）三类病原微生物

是指能够引起人类或者动物疾病，但一般情况下对人、动物或者环境不构成危害，传播风险有限，实验室感染后很少引起严重疾病并且具备有效治疗和预防措施的微生物。这类微生物的实验室操作应该在 BSL-2 实验室进行。BSL-2 或者以上级别的实验室必须张贴生物危害安全标志（图 1-2-1）。

（4）四类病原微生物

是指在通常情况下不会引起人类或者动物疾病的微生物。这类微生物的实验室操作在 BSL-1 级实验室进行。

每类生物安全防护实验室根据所处理的微生物及其毒素的危害程度各分为四级（BSL-1、BSL-2、BSL-3 和 BSL-

生物危害

二级生物安全实验室

实验室名称	
实验室负责人	
联系电话	

外来人员未经许可严禁入内

图 1-2-1　生物危害安全标志

4），如表 1-2-1 所示。根据安全等级的不同，实验室工作人员必须具备一定的处理潜在危险材料的技能。在标准的实验室程序中，如移液、混合和离心过程中形成的气溶胶是造成感染的最大潜在风险，为了尽量减少生物气溶胶感染的风险，需要使用一些特殊设备，例如生物安全柜、高压灭菌锅等，或者使用专用的实验室。传染性物质可能包括细菌、病毒、细胞培养物、寄生虫或特定类型的真菌。根据现有的安全标准，工作人员除需要通过特殊的培训来学习处理这些传染性物质外，还需要有良好的安全意识和规范的安全操作习惯。

表 1-2-1 病原微生物材料分类与实验室安全等级

病原微生物分类	生物危害性	实验室防护能力	实验室安全等级	实验室用途
四类	无、很低	无、很低	BSL-1	基础教学、研究
三类	中	有	BSL-2	一般健康服务、诊断、研究
二类	高	较高	BSL-3	特殊的诊断、研究
一类	很高	高	BSL-4	危险病原体研究等

1.2.2 环境微生物学实验的个人防护

环境微生物学实验所接触的生物材料属于最低安全级别（BSL-1），这种材料对健康的成年人不构成或仅具有低风险，并且对实验室人员和环境造成最小的潜在危害。BSL-1 实验室不必与建筑物的其余部分分开，实验室工作人员可以直接在实验台上进行工作，不需要使用生物安全柜等特殊安全设备。标准的微生物学实践通常足以保护实验室工作人员和建筑物中的其他员工。例如，不允许用口吸移液管，并且应避免飞溅和气溶胶形成；溢出物必须立刻清理，每次工作完成后，工作台面等都应该做清理工作；实验室中不允许进食、吸烟；离开实验室，必须脱下实验服，留在实验区，不得穿着实验服进入办公区。

为了保护自己，工作人员需要穿戴护目镜、手套和实验服。

1.2.2.1 眼睛防护

（1）安全防护眼镜

在所有易发生潜在眼损伤（由物理、化学或生物因素引起）的生物安全实验室中工作时，必须采取眼防护措施。此要求不仅适用于在实验室中长时间工作的人员，同时也适用于进入实验室进行仪器设备维修保养的工作人员。

安全防护眼镜种类很多，有防尘眼镜、防冲击眼镜、防化学眼镜和防辐射眼镜等多种。环境微生物学实验室经常使用的安全防护眼镜主要是防化学溶液眼镜和防辐射眼镜。

① 防化学溶液的防护眼镜

主要用于防御有刺激性或腐蚀性的溶液对眼睛的化学损伤。可选用普通平光镜片，镜框应有遮盖，以防溶液溅入。通常用于实验室、医院等场所，一般医用眼镜即可通用。

② 防辐射的防护眼镜

用于防御过强的紫外线等辐射对眼睛的危害。镜片采用能反射或吸收辐射线，且能透过一定可见光的特殊玻璃制成。镜片镀有光亮的铬、镍、汞或银的金属薄膜，可以反射或吸收辐射线；蓝色镜片吸收红外线，黄绿镜片同时吸收紫外线和红外线，无色含铅镜片吸收 X-射线和 γ-射线。

安全防护眼镜能够保护工作人员避免受到大部分实验室操作所带来的损害，但是对某些特殊的操作，如腐蚀性液体喷溅或细小颗粒飞溅，只佩戴安全防护眼镜显然是不够安全的。又如在用铬酸类溶液洗涤玻璃器皿、碾磨物品，或在使用玻璃器皿进行极具爆破或破损危害（例如在压力或温度突然增加或降低的情况下）的实验室操作时，有必要保护整个面部和喉部，应该佩戴防护面罩。

（2）洗眼装置

图 1-2-2　紧急洗眼装置

实验室内应配备紧急洗眼装置（图 1-2-2）。洗眼装置应安装在实验室内的水池边上，并保持洗眼水管的畅通，便于工作人员紧急时使用。工作人员应掌握其操作方法。当在实验工作中遵循了所有应注意的事项以后，如发生腐蚀性液体或生物危险液体喷溅至工作人员的眼睛中，工作人员应该（或在同事的帮助下）在就近的洗眼装置用大量缓流清水冲洗眼睛表面至少15～30min。

建议工作人员在生物安全实验室中工作时不佩戴隐形眼镜，因为如果腐蚀性液体溅至眼睛，本能反射会使眼睑关闭而导致取出隐形眼镜更为困难。因此，如果可能的话，在眼睛受到损害前卸下隐形眼镜。另外，实验室中某些水汽能透过隐形眼镜，水汽能渗入镜片的背面并引起广泛的刺激。再者，镜片会阻碍眼泪洗去刺激物。如果在佩戴隐形眼镜时有化学水汽接触了眼睛，应该遵循以下几个处理步骤：

① 立即卸除隐形眼镜镜片；

② 用洗眼器持续冲洗眼睛至少15min；

③ 及时去医院就诊。

1.2.2.2　手部防护

（1）防护手套

手部防护装备主要是手套。在实验室工作时应戴好手套以防止生物、化学品、辐射污染、冷和热、产品污染、刺伤、擦伤等危害。在生物安全实验室中处理化学溶剂、去垢剂或接触感染性物质时，必须使用合适的手套以保护工作人员免受污染物溅出或生物污染造成的伤害。如果手套被污染，则应该尽早更换。手套的选择应按所从事操作的性质，符合舒适、灵活、可握牢、耐磨、耐扎和耐撕的要求，并应对所涉及的危险提供足够的防护。应对实验室工作人员进行手套选择、使用前及使用后的佩戴及摘除等培训。然而必须清醒地认识到，迄今为止还没有一种手套能够保护工作人员免遭所有化学物质的损害。因此要合理选择不同用途的手套（表 1-2-2）。

表 1-2-2　各种材质手套优缺点比较

材质	优　点	缺　点
乳胶	成本低、物理性能好，重型款式具有良好的防切割性以及出色的灵活性	对油脂和有机化合物的防护性较差，有过敏的风险，易分解和老化
丁腈	成本低、物理性能出色、灵活性良好、耐划、耐刺穿、耐磨损和耐切割性能出色	对很多酮类、一些芳香族化学品以及中等极性化合物的防护性能较差

续表

材质	优 点	缺 点
聚氯乙烯（PVC）	成本低,物理性能不错,过敏反应的风险最低,适用于医疗、电子、卫生防护、家庭护理、美容美发等多个行业	有机溶剂会洗掉手套上的增塑剂,在手套聚合物上产生分子大小不同的"黑洞",从而可能导致化学物质的快速渗透
聚乙烯醇（PVA）	非常坚固,有高度的耐化学性和良好的物理性能,具有良好的耐划破、耐刺穿、耐磨损和耐切割的性能	当接触到水和水基性溶液时会很快分解;与很多其他耐化学性手套相比不够灵活;成本高昂
氯丁橡胶	抗化性良好。对油性物、酸类（硝酸和硫酸）、碱类、广泛溶剂（如苯酚、苯胺、乙二醇）、酮类、制冷剂、清洁剂的抗化性极佳,物理性能中等。抗钩破、切割、刺穿	耐磨性不如丁腈橡胶或天然橡胶
丁基橡胶	灵活性好,对于中等极性有机化合物,如苯胺和苯酚、乙二醇醚、酮和醛等,具有出色的抗腐蚀性	对于包括烃类化合物、含氯烃和含氟烃等的非极性溶剂的防护性较差;成本高昂
皮革	对冷、热、火花飞溅、磨损、割、刺穿可进行一般性防护	
棉布	用于一般性防护	

环境微生物实验室一般使用乳胶（latex）、丁腈（nitrile）或聚氯乙烯（polyvinyl chloride，PVC）手套,用于对强酸、强碱、有机溶剂等有害物质的防护（表 1-2-3）。大多数实验人员使用乳胶手套,对乳胶手套及滑石粉过敏者可使用氯乙烯或聚腈类手套。使用耐热材料（皮制品）制成的手套可以接触高温物体,应该将该类手套放置在高压灭菌锅或干燥箱附近以方便使用。绝不能使用橡胶或塑料手套接触高温物体。应该使用特殊的绝缘手套处理极冷的物体（如液氮或干冰）。

表 1-2-3 各种材质手套防护性能比较

防护指标	乳胶	丁基橡胶	氯丁橡胶	PVC	PVA	丁腈
无机酸	好	好	优秀	好	差	优秀
有机酸	优秀	优秀	优秀	优秀	优秀	—
腐蚀性物质	优秀	优秀	优秀	好	差	好
醇类	优秀	优秀	优秀	优秀	一般	优秀
芳香族	差	一般	一般	差	优秀	差
石油分馏物	优秀	一般	优秀	差	优秀	优秀
酮类	一般	优秀	好	不推荐	一般	一般
油漆稀释剂	一般	一般	不推荐	一般	优秀	一般
苯	不推荐	不推荐	不推荐	不推荐	优秀	一般
甲醛	优秀	优秀	优秀	优秀	差	一般
乙酸乙酯	一般	好	好	差	一般	一般
脂肪	差	好	优秀	好	优秀	优秀
苯酚	一般	好	优秀	好	差	不推荐
磨损	—	好	一般	好	好	优秀
刺	优秀	好	优秀	一般	优秀	优秀
热	优秀	差	优秀	差	一般	一般

实验室工作人员在使用防护手套时要注意以下几点：

① 选用的手套要具有足够的防护作用。

② 使用前，尤其是一次性手套，要检查手套有无小孔或破损、磨蚀的地方，尤其要检查指缝。

③ 使用中不要将污染的手套任意丢放。

④ 摘取手套一定要注意正确的方法，防止使手套上沾染的有害物质接触到皮肤和衣服上，造成二次污染。

⑤ 戴手套前要治愈或罩住伤口，阻止细菌和化学物质进入血液。

⑥ 戴手套前要洗净双手，摘掉手套后也要洗净双手，并擦点护手霜以补充天然的保护油脂。

有些化学物质不小心接触到会使皮肤出现发痒、疼痛、湿疹和各种皮炎，严重的对肢体运动造成影响，所以实验室工作人员佩戴防护手套是十分有必要的。

（2）防护手套的规范使用

佩戴、摘取防护手套一定要注意正确的方法，避免手套上沾染的微生物或有害物质接触到皮肤和衣服上，造成二次污染。

① 防护手套的佩戴（图 1-2-3）

a. 戴手套前要洗净双手；

b. 从手套盒中抽出手套；

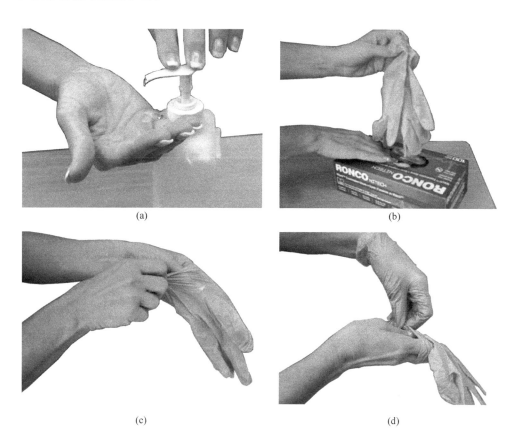

(a)

(b)

(c)

(d)

图 1-2-3　安全防护手套的佩戴

c.首先将一只手套戴在左手上；

d.再将另一只手套戴在右手上。

② 防护手套的摘取

a.使用后，先用右手捏住左手手套腕部的外侧（注意不要伸到手套内侧）；

b.将右手手套向下拉；

c.将手套脱下，使手套里朝外卷成一团；

d.将脱下的左手手套握在右手中（图 1-2-4）；

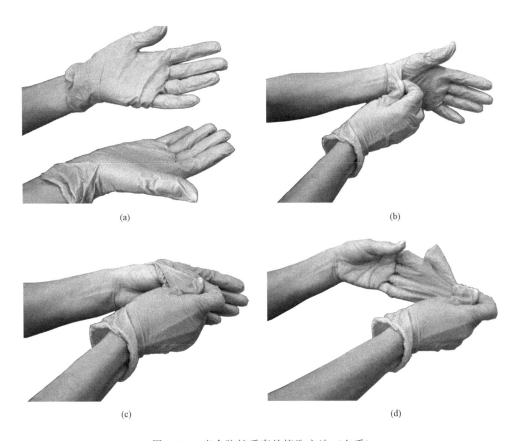

(a)

(b)

(c)

(d)

图 1-2-4　安全防护手套的摘取方法（左手）

e.将脱下手套的左手手指伸到右手手套腕部的内侧（注意不要用脱下手套的左手触摸手套的外表面）；

f.将手套由里朝外向下拉；

g.将脱下的左手手套包裹在右手手套内，形成一个由两个手套组成的袋状；

h.将手套扔到塑料袋中，并洗净双手（图 1-2-5）。

安全是最重要却时常被忽略的问题，真正的安全不仅仅是遵守安全规程，更重要的是要把安全作为一种习惯，做好个人防护，时刻提醒自己"注意安全"。

1.2.2.3　实验服的使用

防护服包括实验服、隔离衣、围裙以及正压防护服等。

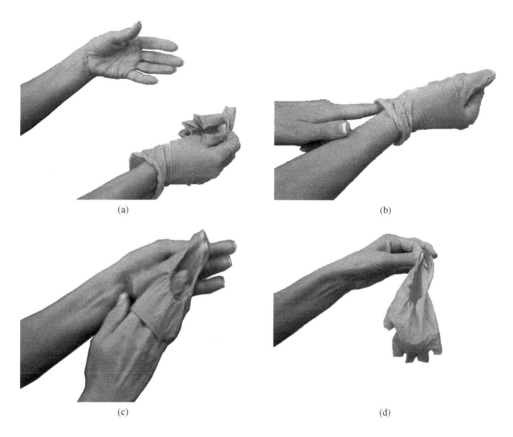

图 1-2-5　安全防护手套的摘取方法（右手）

（1）实验服

实验服可在下列操作中使用：化学品或试剂的配制和处理；洗涤、触摸或在污染/潜在污染的工作台面上工作；实验室仪器设备的维修保养。一般在 BSL-1 实验室中使用。

（2）隔离衣

隔离衣包括外科式隔离衣和连体防护服。隔离衣为长袖背开式，穿着时应该保证颈部和腕部扎紧。当隔离衣太小或需要穿两件隔离衣时，里面一件采用前系带穿法，外面一件隔离衣采用后系带穿法。可以使用颈领口免系带（配松紧带）的隔离衣以方便穿衣。当隔离衣袖口太短时，可以加戴一次性袖套，以便使乳胶手套完全遮盖住袖口保护腕部体表。隔离衣适用于接触病原微生物的实验室操作人员。一般在 BSL-2 和 BSL-3 实验室中使用。

（3）正压防护服

正压防护服具有生命支持系统，包括提供超量清洁呼吸气体的正压供气装置，防护服内气压相对周围环境为持续正压。正压防护服的生命支持系统有内置式和外置式两种，适用于涉及致死性生物危害物质或一类病原生物的操作，如埃博拉病毒等，一般在 BSL-4 实验室中使用。正压防护服的脱除次序为：解开颈部和腰部的系带；将隔离衣从颈处和肩处脱下；将外面污染面卷向里面；将其折叠或卷成包裹状；丢弃在消毒箱内。

（4）围裙

在实验室中需要使用大量腐蚀性液体洗涤物品，或对培养液等化学或生物学物质的溢出提供进一步防护时，应该在实验服或隔离衣外面穿上围裙（塑料或橡胶制品）加以保护。推荐在进行这些实验室操作或实验的任何时间穿高领、长至小腿或踝处的实验室橡胶围裙，或长袖、长至小腿或踝处的耐化学品和耐火的实验服。

实验室工作人员在穿戴防护服时要注意以下几点：

① 在实验室工作的人员应该一直或持续穿戴实验服、隔离衣或合适的防护服。

② 清洁的防护服应放置在专用存放处。污染的防护服应放置在有标志的防漏消毒袋中。

③ 每隔适当的时间应更换防护服以确保清洁。

④ 当防护服已被危险材料污染后应立即更换。

⑤ 离开实验室区域之前应脱去防护服。

⑥ 实验服前面应该能完全扣住。长袖、背面开口的隔离衣和连体衣比实验服更适合于微生物实验室以及生物安全柜中的工作。在有可能发生危险物质如化学或生物危害物质喷溅至工作人员身上时，应该在实验服或隔离衣外面再穿上塑料高领保护的围裙。

⑦ 所有身体防护装置（实验服、隔离衣、连体衣、正压防护服和围裙）均不得穿离实验室区域。

1.3 环境微生物学实验室常用设备及操作规程

1.3.1 生物显微镜

生物显微镜是主要用于观察微生物的形态、结构，测定微生物细胞的大小，及进行微生物计数等研究的精密光学仪器。

1.3.1.1 操作规程

① 实验时要把显微镜放在桌面上，镜座应距桌沿 6～7cm 左右，打开底部光源开关。

② 转动物镜转换器，使低倍镜头正对载物台上的通光孔。然后用双眼注视目镜内，调整光源强度，上调聚光镜，把虹彩光圈调至最大，使光线反射到镜筒内，这时视野内呈明亮的状态。

③ 将所要观察的玻片放在载物台上，使被观察的部分位于通光孔的正中央。

④ 先用低倍镜观察（物镜 10×、目镜 10×）。观察之前，先转动粗调节器，使载物台上升，使物镜逐渐接近玻片。需要注意，不能使物镜触及玻片，以防镜头将玻片压碎。再转动粗调节器，使载物台慢慢下降，直到看到玻片中材料的放大物像。

⑤ 如果在视野内看到的物像不符合实验要求（物像偏离视野），可慢慢移动左右移动标尺。移动时应注意玻片移动的方向与视野中看到的物像移动的方向正好相反。如果物像仍不清晰，可以调节细调节器，直至物像清晰。

⑥ 如果需进一步使用高倍物镜观察，应在转换高倍物镜之前，把物像中需要放大观察的部分移至视野中央（将低倍物镜转换成高倍物镜观察时，视野中的物像范围缩小很多）。一般具有正常功能的显微镜，低倍物镜和高倍物镜基本同焦，在用低倍物镜观察清晰时，换高倍物镜应仍可以见到物像，但物像不一定很清晰，可以转动细调节器进行调节。

⑦ 在转换高倍物镜并且看清物像之后，可以根据需要调节光圈或聚光器，使光线符合

要求（一般将低倍物镜换成高倍物镜观察时，视野要稍变暗一些，所以需要调节光线强弱）。

⑧ 在标本上滴入 1 滴香柏油，并将油镜头旋转至固定卡口进行观察。

⑨ 慢慢旋转粗调节器，使载物台上升，在接近标本时，用眼观察视野，同时利用粗调节器缓慢向下或向上调焦，直到视野中出现模糊标本图像后再用细调节器调节，直至把标本轮廓调节清晰，然后停止微调。

⑩ 观察结束后，切断电源，抬起物镜。先用擦镜纸擦去镜头上的香柏油，再用沾有二甲苯的擦镜纸擦一遍，最后再取干净的擦镜纸擦净。

⑪ 旋转粗调节器，将载物台降至最低固定位置，将镜头旋转至"八"字形固定卡口位置。

⑫ 将显微镜轻轻放回镜箱中。

1.3.1.2　注意事项

① 取送显微镜时一定要一只手握住镜臂，另一只手托住底座。显微镜不能倾斜，以免目镜从镜筒上端滑出。取送显微镜时要轻拿轻放。

② 观察时，不能随便移动显微镜的位置。

③ 标本表面滴上的香柏油不可太多，否则影响观察效果。

④ 在旋转粗调节器、移动载物台上升至接近标本时，必须小心调节，仔细观察，以免碰坏镜头，造成损失。

⑤ 转换物镜镜头时，不要拨动物镜镜头，应转动物镜转换器。

⑥ 使用高倍物镜观察时，不要用粗调节器调节焦距，以免移动距离过大，损伤物镜和玻片。

⑦ 显微镜使用或存放时，必须避免灰尘、潮湿、过冷、过热及含酸或碱的蒸气，存放的镜箱中应有硅胶干燥剂防潮。

⑧ 透镜表面有污垢时，可用清洁擦镜纸蘸少量二甲苯揩拭，切忌用酒精，否则，透镜下的胶将被溶解。

⑨ 显微镜结构精密，零件绝不能随意拆卸。

1.3.1.3　显微镜的维护

① 必须熟练掌握并严格执行使用规程。

② 凡是显微镜的光学部分，只能用特殊的擦镜纸擦拭，不能乱用他物擦拭，更不能用手指触摸透镜，以免汗液沾染透镜。

③ 保持显微镜的清洁，避免灰尘、水及化学试剂的污染。

④ 不得任意拆卸显微镜上的零件，严禁随意拆卸物镜镜头，以免损伤转换器螺口，或螺口松动后使低高倍物镜转换时不同焦。

⑤ 保持显微镜的干燥。

⑥ 用完后，必须检查物镜镜头上是否沾有水或试剂，如有则要擦拭干净，并且要把载物台擦拭干净，按规定放好。

1.3.2　超净工作台

微生物的培养都是在特定培养基中进行的无菌培养。超净工作台的主要用途是微生物的接种及处理时的无菌操作。

1.3.2.1　使用标准

① 根据环境的洁净程度，可定期（一般为 2～3 个月）将粗滤布拆下清洗或予以更换。

② 定期（一般为 7d）对超净工作台环境进行灭菌，同时，经常用纱布蘸上酒精或丙酮等有机溶剂将紫外杀菌灯外表面揩拭干净，保持表面清洁，否则会影响杀菌效果。

③ 当加大风机电压不能使操作风速达到 0.32m/s 时，必须更换高效空气过滤器。

④ 更换高效空气过滤器时可打开顶盖，更换时应注意过滤器上的箭头标志，箭头指向即为气流流向。

⑤ 更换高效空气过滤器后，应用尘埃粒子计数器检查四周边框密封是否良好，调节风机电压，使操作平均风速保持在 0.32～0.48m/s 范围内。

1.3.2.2　操作规程

① 作业前准备：首先检查电源插头是否可靠地插入电源座中，接通工作台总电源开关。按动操作面板上的"电源"键开机，同时开启紫外杀菌灯，杀灭操作区内表面积累的微生物，30min 后关闭杀菌灯，再开始正式作业。

② 新安装的或长期未使用的工作台，使用前必须先用超净真空吸尘器或不产生纤维的工具对工作台和周围环境进行清洁，再采用药物灭菌法和紫外线灭菌法进行灭菌处理。

③ 正式作业时，按动"照明"键，可开启荧光灯。工作台出厂时，已将其风速设定在"标准/STD"状态。即每次按动"电源"键开机时，风速自动进入"标准"状态运行。如遇特殊需求需要调节工作区风速时，可按动操作面板上的"高速"或"低速"键进行调节。"风速/AIR SPEED"指示 LED 光排显示，调节风速分别为"低、标准、高"时，对应"LO、STD、HI"光排显示段亮（绿色）。

④ 作业结束时，要保持风机运行 10min 后再关闭。按住"电源"键，即可关闭荧光灯，停止风机运转。

1.3.2.3　注意事项

① 超净工作台运行正常时才能使用。

② 在使用中打开的玻璃观察挡板不能超过规定高度。

③ 工作台内应尽量少放器材或标本，不能影响后部压力排风系统的气流循环。

④ 所有工作必须在工作台面的中后部进行，并能够通过玻璃观察挡板看到。

⑤ 操作者不应反复移出或伸进手臂以免干扰气流。

⑥ 不要使实验记录本、移液枪以及其他物品阻挡空气格栅。

⑦ 在超净工作台操作时，不能进行文字工作。

⑧ 操作区内的使用温度不得高于 60℃。

⑨ 平时要经常用消毒剂将紫外灯表面和工作区内表面擦干净，保证其灭菌效率。

1.3.3　高压蒸汽灭菌锅

高压蒸汽灭菌锅是一个密闭的、可以耐受一定压力的双层金属锅。一般在进行无菌操作前需要将操作器皿、培养基等在高压灭菌锅里进行灭菌。

1.3.3.1　操作规程

① 在灭菌锅内加 2L 水，由于每灭菌一次会消耗一定的水量，故再次使用时应补充至额

定的水量。

②　将待灭菌物包扎好后放入灭菌筒内的筛板上，包与包之间应留一定空隙，保证灭菌质量。

③　将灭菌筒放入灭菌锅内，然后将容器盖与容器上的耳槽对正，并略旋紧手轮，使盖与容器密合。

④　将电源插头插于电源座上，打开开关，加热指示灯亮，以示开始，随着加热的进行，压力表的指针会指示灭菌锅内的蒸汽压力，并开始灭菌计时。

⑤　当达到灭菌设定时间，加热电源会自动关闭，指示灯熄灭。

⑥　待压力表指针回到"0"再开启灭菌锅盖（若灭菌物品是液态或玻璃容器，切勿在灭菌终止后立即排气，因为急速排气会引起沸腾的溶液溢出容器，甚至造成容器破碎）。

⑦　灭菌结束后，拔掉电源插头。终止使用后将灭菌锅内的水放出去，将灭菌锅内的水及电热管上的水垢除去。

1.3.3.2　注意事项

①　应始终保证灭菌锅内有足够的水量，每次灭菌后应将灭菌筒筛板下积聚的冷凝水倒出。

②　待灭菌的溶液或培养基应装在耐热或硬质玻璃瓶内，不要装得太满，一般装到容器体积的 $1/2 \sim 3/4$，瓶口用棉花塞、牛皮纸线绳（或硅胶塞、锡箔纸）包扎好。

③　使用时，操作人员应经常观察压力表指针指示值，一旦发现压力表指针指示值超过 0.165MPa，安全阀仍不能自动排气时，应立即切断电源，协调供应商或厂家相关人员对灭菌锅进行修理。

④　若压力表回复至"0"位，锅盖仍不能开启，可能是内部压力低于外界气压所致，此时可以开启放气阀，使外界空气入内，即能将盖开启。

⑤　压力表使用日久后读数会不准确，应加以检修，检修后应与标准压力表对照，若仍不正常，应更换新表。

⑥　平时应保持灭菌锅清洁干燥，可以延长使用寿命。

1.3.4　恒温干燥箱

恒温干燥箱是实验室的常用设备，主要用于实验器皿的干热灭菌及培养皿、锥形瓶、烧杯的干燥。

①　使用前开启箱门，将感温探头头部的保护帽去掉。

②　接通电源，检查仪器是否通电、漏电，温控仪是否正常。

③　把需干燥处理的物品放入干燥箱内，关好箱门。

④　把电源开关拨至"1"处，此时电源指示灯亮，控温仪上有数字显示。

⑤　温度设定。当所需加热温度与设定温度相同时不需要重新设定，反之则需要重新设定。先按控温仪的功能键"SET"进入温度设定状态，此时 SV 设定显示灯闪烁，如需设定温度150℃，而原设定温度为26.5℃，则再按移位键"◀"，将光标移至显示器百位数字上，然后按加键"▲"，使百位上的数字从"0"升至"1"，百位设定后，移动光标依次设定十位、个位和分位数字，使设定温度显示为150.0℃，按功能键"SET"确认，温度设定结束，程序进入定时设定。

⑥ 定时设定。当 PV 窗显示 T1 时，进入定时设定，出厂 SV 窗为 0000，表示设定器不工作，如不需要设定时，即可按 "SET" 键退出，如需设定 1h，可用移位键配合加键把 SV 窗设定为 "0060"，定时 2h，设定为 "0120"，以此类推。设定结束后，按 "SET" 键确认退出。

⑦ 设定结束后，各项数据长期保存，此时干燥箱进入升温状态，加热指示灯亮，当箱内温度接近设定温度时，加热指示灯忽亮忽暗，反复多次，控制进入恒温状态。

⑧ 如使用定时功能需注意：只有第一次 PV＞SV 时，即箱内温度高于设定温度时，定时器开始工作，同时 SV 数码管末位上的一位小数点闪烁。定时结束，SV 窗显示 End，末位小数点熄灭，同时加热器电源切断。

⑨ 重新使用定时功能时如需设定相同时长，在 SV 窗显示 End 的状态下，只要按 "SET" 键复位即可，反之则重新设定。计时运行中重新设定时间无效。

⑩ 定时运行中，如要观察温度设定，按移位键 "◀" 即可转换。

⑪ 干燥结束后，关闭电源开关，让其自然冷却，如需立即打开箱门取出物品，小心烫伤。

⑫ 用毕后将仪器清理干净。

⑬ 若长时间不用，应将箱顶气阀关闭，并将保护帽套好。

1.3.5　恒温培养箱

恒温培养箱主要用于实验室微生物的培养，为微生物的生长提供一个适宜的环境。恒温培养箱的操作规程如下。

① 使用前开启箱门，将感温探头头部的保护帽去掉，关闭箱门。

② 接通电源，检查仪器是否通电、漏电、温控仪是否正常。

③ 温度设定。当所需加热温度与设定温度相同时不需要重新设定，反之则需要重新设定。先按控温仪的功能键 "SET" 进入温度设定状态，此时 SV 设定显示灯闪烁，如需设定温度 37.0℃，而原设定温度为 26.5℃，则再按移位键 "◀"，将光标移至显示器十位数字上，然后按加键 "▲"，使十位上的数字从 "2" 升至 "3"，十位设定后，移动光标依次设定个位和分位数字，使设定温度显示为 37.0℃，按功能键 "SET" 确认，温度设定结束。

④ 设定结束后，各项数据长期保存，此时培养箱进入升温状态，加热指示灯亮。当箱内温度接近设定温度时，加热指示灯忽亮忽暗，反复多次，控制进入恒温状态。

⑤ 打开内外门，把需培养的物品放入培养箱，关好内外门，如内外门开门时间过长，箱内温度有些波动，属正常现象。

⑥ 使用结束后，把电源开关拨至 "0"，将仪器清理干净。如不马上取出物品，不要打开箱门。

1.3.6　冰箱

实验室冰箱主要用于菌种、培养基、微生物样品及低浓度试剂的保藏。

1.3.6.1　使用标准

① 在冰箱接入电源之前，应仔细核对冰箱的电压范围和电源电压是否一致。

② 冰箱线路必须接地，如果电器线路未接地，必须请电工将冰箱线路单独接地。

③ 不可将汽油、酒精、胶黏剂等易燃、易爆品放入冰箱内，以免引起爆炸。

④ 冰箱不能在有可燃性气体的环境中使用，如发现可燃气体泄漏，千万不可立即去拔电源插头或关闭温控器以及电灯开关，否则易产生电火花，引起爆炸。

⑤ 切勿用水喷洒冰箱顶部，以免使电器零件受损，发生危险。

⑥ 清洁保养及搬动冰箱时必须切断电源，并小心操作，避免电器元件受损。

⑦ 冰箱应放置在平坦、坚实的地面上，如放置不平，可调节箱底四脚。

⑧ 冰箱应放置在通风干燥、远离热源的地方，并避免阳光直射。

⑨ 冰箱在日常使用时会结霜，当结霜特别严重时，可关机或关掉电源进行人工化霜，必要时可打开柜门加速霜层融化。

⑩ 当冰箱搁置不用或长时间使用后箱内出现异味时，必须进行清理。

⑪ 不可用酸、化学稀释剂、汽油、苯之类的试剂清洗冰箱任何部件。

⑫ 冰箱内不要放食品，热的物品必须冷却至室温后，再放入冰箱内。

1.3.6.2　操作规程

① 首次通电或长时间不用重新通电时，由于冰箱内外温度接近，为迅速进入冷藏状态，可把温度调至最低，待冰箱连续运行 2～3h，箱温降低后，再将温度调至适当值；

② 在使用中，不要经常调动温度控制器。

1.3.7　恒温水浴锅

① 锅内加适量水，至浸没电热管 3～5cm。

② 接通电源，温度旋钮调到所需温度的指示处，开启电源，注意检查指示灯是否正常工作（灯亮表示加热），当加热到所需温度时（以锅上的温度计所指示温度为准），红灯灭绿灯亮，保持恒温。

③ 温度调节旋钮所指示的数值，并非为实际温度值，实际温度值以温度表所指示数值为准。因此，在加热过程中应根据温度表的指示，反复调节温度旋钮的数值，直到恒温为止。

④ 经常观察锅内的水量，若水量接近电热管平面时，应及时补充水，以防水位低于电热管，造成干烧损坏设备。

⑤ 定期对水浴锅内的水垢进行清除。

1.3.8　电子天平

① 使用前检查天平标准配置是否齐全，标准配置有电源交流适配器、秤盘、秤盘托架、防风罩固定圈、防风罩、保护盖等。

② 选择最佳安放地点，确保安放位置稳定、无振动，尽可能保持水平；避免阳光直射；避免剧烈的温度波动；避免空气对流；等。然后调节四只水平调节螺丝，使水平泡处在中间位置，保持天平水平状态。

③ 将交流电源适配器的插头插入天平上的插孔，另一端接通电源。

④ 开机，让天平空载并点击"ON"键，天平显示进行自检，待天平归零。

⑤ 将称量样品放在秤盘上，待显示稳定后，读取称量结果。

⑥ 去皮称量。将空容器放在天平的秤盘上，显示该容器质量，点击"O/T"键，显示

数字归零，加入所需称量样品后，显示数值即为样品质量。

⑦ 称量完毕，将天平先置零，再长按"OFF"键，直到显示屏上出现"OFF"字样，再松开。

⑧ 操作结束后，拔掉电源，用干布或干刷子将天平清理干净，放归原位（避免与水接触）。

⑨ 天平要经常用配备的砝码进行校准。

⑩ 天平内应放置适量的干燥剂（如硅胶等）。

1.3.9　电热蒸馏水器

① 开启水源，使冷却水器内有水流入杯内，并调整水流大小（水流过大，会溢出；过小则无法冷却与补充蒸馏水器中所需的水量）。当锅内水位到观察口时，即可开启电源，进行制水。

② 制水过程中应有人员照看，随时注意冷却水流量的大小，防止因水流过大而溢出，水流过小或断水会烧坏蒸馏水器。

③ 停止制水时要先关闭电源，过 30min 后再关闭冷却水源（冷却至桶体不烫后即可关闭冷却水源）。每次用后将蒸馏水器中的水从排水口放出，减少水垢的生成。

④ 蒸馏水器在使用一定时间后，要对加热锅内壁及加热管进行检查，及时清除水垢，以保证制水能力。

⑤ 贮水箱内如有铁锈，应及时清除。

1.3.10　离心机

① 将仪器放在坚固、平整的台面上，以免运转时产生位移。

② 禁止在盖门上放置任何物品，以免出现凹凸不平，影响仪器的使用效果。

③ 经常检查离心管是否有裂纹、老化现象，如有应及时更换。

④ 将样品和离心管一起两两进行平衡，并对称放入离心机中（以免损坏仪器），并盖好安全盖。

⑤ 调节好离心时间，先从低转速调起，至所需的转速为止，并让其自然停止。

⑥ 小心取出样品，不可剧烈摇晃，否则需重新离心。

⑦ 实验完毕后，将调速旋钮调为零，并将转头和仪器擦干净，以防试液沾染造成仪器腐蚀和损坏。

1.3.11　pH计

(1) 电源线插入电源插座，按下电源开关，预热 30min。

(2) 把选择开关旋钮调到 pH 挡，并调节温度补偿旋钮，使旋钮指示线对准溶液温度值。

(3) 用蒸馏水清洗电极，清洗后用滤纸吸干。

(4) 在测量电极插座处插上复合电极。

(5) 通常仪器在连续使用时，每天要标定一次。标定步骤如下。

① 把斜率调节旋钮顺时针旋到底（即调到 100% 位置）；

② 把清洗过并用吸水纸吸干的电极插入 pH 为 6.86 的缓冲溶液中；

③ 调节定位调节旋钮，使仪器显示读数与该缓冲溶液当时温度下的 pH 值相一致（如：用混合磷酸定位温度为 10℃时，pH 为 6.92）；

④ 用蒸馏水清洗电极，再插入 pH 为 4.00（或 pH 为 9.18）的标准溶液中，调节斜率旋钮使仪器显示读数与该缓冲溶液当时温度下的 pH 值一致；

⑤ 重复上述步骤①～④直至不用再调节定位或斜率两调节旋钮为止。

(6) 测量。将电极插入样液内，待显示屏上的数字不再跳动为止。

(7) 读数，记录数值。

(8) 测量完毕，关闭电源。

1.3.12　快速混匀器

快速混匀器又叫旋涡振荡器，其操作规程如下。

① 将仪器放置在较平滑的桌面上，注意吸好吸盘，最好放置在玻璃台面上，增强混匀效果，如果吸盘不好使用，可在吸盘内涂抹少量的水以增强吸附力。

② 插入电源插头，拨动电源开关至"ON"位置，电源指示灯亮，电机即启动。手拿试管上端轻按在海绵（或橡胶）面上，并给予一定的压力，试管内溶液产生涡流，即开始混匀。

③ 混匀结束后，拨动电源开关至"OFF"位置，电源指示灯灭，拔掉电源，将混匀器放回原处。

1.3.13　分光光度计

① 将分光光度计接通电源预热 20min。

② 将温度旋钮调至当时室内所示温度的刻度。

③ 通过打开和关闭吸光室的盖子，调节"零"和"满度"旋钮。

④ 重复调节，直至两个旋钮不再需要调动为止。

⑤ 将标准液/样液分别加入已用相应的标准液/样液洗过的比色皿中并将比色皿外部的液体用吸水纸吸干，尤其是光滑面需用吸水纸擦拭干净。

⑥ 将比色皿放入吸光室内，并盖好盖子，进行读数。

⑦ 读数完毕，将仪器擦拭干净并用蒸馏水将比色皿清洗干净。

1.3.14　电泳仪

电泳仪用于分离、鉴定核酸、蛋白质等生物大分子，也可以进行生物大分子的纯化。电泳仪的操作规程如下。

(1) 打开电源开关，系统初始化，屏幕转成参数设置状态

程序设置可通过"Mode"（模式）键选择：STD（标准），TIME（定时），VH（伏时），STEP（分步）；电泳实际工作程序可通过键盘输入：U（电压），I（电流），W（功率），T（时间）。

(2) 设置工作程序

① 按"模式"键，将工作模式由标准转为定时模式。每按一下"模式"键，其工作方

式按下列顺序改变：STD→TIME→VH→STEP→STD。

② 先设置电压 U，按"选择"键，使其呈反显态，然后输入数字即可设置该参数的数值。

③ 设置电流 I，按"选择"键，先使 I 呈反显态，然后输入数字。

④ 设置功率 P，按"选择"键，先使 P 呈反显态，然后输入数字。

⑤ 设置时间 T，按"选择"键，先使 T 呈反显态，然后输入数字。如果输入错误，可以按"清除"键，再重新输入。

⑥ 确认各参数无误后，按"启动"键，启动电泳仪输出程序。在显示屏状态栏中显示"Start!"并伴有蜂鸣声，提醒操作者电泳仪将输出高电压，注意安全。之后输出电压将逐渐升至设置值。同时在状态栏中显示"Run"，并有两个不断闪烁的高压符号，表示端口已有电压输出。在状态栏最下方，显示实际的工作时间（精确到秒）。

⑦ 每次启动输出时，仪器自动将此时的设置数值存入"M0"号存储单元。以后需要调用时可以按"读取"键，再按"0"键，最后按"确定"键，即可按照已存储的工作程序执行。

⑧ 电泳结束，仪器显示"END"，并连续蜂鸣提醒。此时按任意键可停止蜂鸣。

1.3.15 PCR 仪

PCR 就是利用 DNA 聚合酶对特定基因做体外的大量合成，基本上就是利用 DNA 聚合酶进行专一性的连锁复制。利用目前常用的技术，可以将一段基因复制为原来的一百亿至一千亿倍。根据 DNA 扩增的目的和检测的标准，PCR 仪可分为普通 PCR 仪、梯度 PCR 仪、原位 PCR 仪、实时荧光定量 PCR 仪等类型。

1.3.15.1 操作规程

(1) 开机

打开电源，Power 指示灯变为红色，PCR 仪自检后进入主界面。

(2) 程序编辑

以下面的程序为例：94℃ 3min，（94℃ 1min，55℃ 1min，72℃ 1.5min）30 个循环（cycles），72℃ 5min 在主界面下，用 Select 的左右键移动光标至 Enter 选项，点击"Proceed"键选择进入，在 Name 后输入程序名，然后在 Control method 中选择"Calculated"进入 Step1，选择温度"Temp"，输入 94℃ 及反应时间 3min，将光标移至"YES"处（或"NO"处），点击"Proceed"键对该步骤进行确认（或重新设置）。依照提示进入 Step2，按照 Step1 设置的方法输入温度（94℃）、时间（1min），确认，依此类推进入 Step3（55℃ 1min），Step4（72℃ 1.5min），Step4 设置结束后进入 Step5，选择"go to"Step2，并在 additional cycles 处输入剩余的循环数（29），确认后进入 Step6，继续按照 Step1 设置的方法输入温度（72℃）、时间（5min），进入 Step7 后，选择"end"，程序设置结束。

程序设置过程中如涉及温度梯度，则选择"Gradient"，输入最高温度（Upper temp）及最低温度（Lower temp），按照 PCR 仪自动形成的温度梯度，在相应的位置上放置反应管。在主界面下进入 LIST 选项可调出编辑好的程序进行预览，也可以进入 EDIT 选项中对已有的程序进行修改。

（3）样品放置

将样品放入 PCR 仪中，同时应确保顶盖已经完全拧松，盖上顶盖，将滑轮向左拧紧。

（4）程序的运行

在主界面下将光标移动至 RUN 选项，点击"Proceed"键进入，调出已经编辑好的程序（双头 PCR 仪需通过左边的"Block"键选择 A 头或 B 头），在 Vessel Type 选项中选择"Tubes"，键入反应液的体积（Volume），选择"Heated Lid"，进入运行状态。运行状态下长按 Select 的右键可预知反应剩余时间（Est remain）。

（5）关机

程序结束后返回主界面，关闭 PCR 仪开关，将滑轮向右拧松，打开顶盖，取出反应管。

1.3.15.2　注意事项

① PCR 仪应放置在坚固的水平平台上，外界电源系统电压要匹配，并要求有良好的接地线。

② 环境温度保持在 23℃左右，湿度保持在 60％左右。

③ 应配备功率≥3000W 的稳压器。

④ PCR 反应的要求温度与实际分布的反应温度是不一致的，当检测发现各孔平均温度差偏离设置温度大于 1～2℃时，可以运用温度修正法纠正 PCR 实际反应温度差。

⑤ PCR 反应过程的关键是升、降温过程的时间控制，要求越短越好，当 PCR 仪的降温过程超过 60s，就应该检查仪器的制冷系统，对风冷制冷的 PCR 仪要较彻底地清理反应底座的灰尘，对利用其他制冷系统制冷的 PCR 仪应检查相关的制冷部件。

⑥ 一般情况如能采用温度修正法纠正仪器的温度时，不要轻易打开或调整仪器的电子控制部件，必要时要请专业人员修理或参照仪器电子线路详细图纸进行维修。

⑦ 使用时应严格遵守上述操作步骤。

⑧ 应定期清洁维护。

⑨ PCR 仪器需要定期检测，周期视制冷方式而定，一般至少半年一次。

1.4　微生物学实验室常用的器皿

1.4.1　常用器皿的种类

（1）试管（test tube）

微生物学实验室所用玻璃试管，其管壁较化学实验用的试管厚，这样在塞试管塞时，管口才不会破损。试管的形状要求没有翻口，否则微生物容易从试管塞与管口的缝隙间进入试管而造成污染。目前使用较多的试管塞为海绵硅胶塞，也有用铝制或塑料制的试管帽。有的实验要求尽量减少试管内的水分蒸发，则需使用螺口试管，试管盖为螺口胶木或塑料帽。

试管的大小可根据用途的不同来选择，使用较多的有下列三种型号：

① 大试管（约 18mm×180mm，即直径×高度，下同）可盛倒培养皿用的培养基，亦可作制备琼脂斜面用（需要大量菌体时用）。

② 中试管［约（13～15)mm×（100～150)mm］盛液体培养基或作琼脂斜面用，亦可

用于病毒等的稀释和血清学试验。

③ 小试管［（10～12）mm×100mm］一般用于糖发酵试验或血清学试验，及其他需要节省材料的试验。

（2）杜汉氏小管（Durham's tube）

杜汉氏小管又称发酵小套管，是在观察细菌在糖发酵培养基内产气情况时，小试管内再套的一倒置的小套管（约6mm×36mm）。

（3）培养皿（culture dish）

常用的培养皿，皿底直径90mm，高15mm。皿盖较皿底稍大一圈。除玻璃培养皿外，使用较多的还有一次性塑料培养皿。一次性培养皿通常都用γ-射线杀过菌，可直接使用。

在培养皿内倒入适量固体培养基制成平板，可用于分离、纯化、鉴定菌种，微生物计数以及测定抗生素、噬菌体的效价等。

（4）锥形瓶（erlenmeyer flask）与烧杯（beaker）

锥形瓶有100mL、250mL、500mL、1000mL等不同的规格，常用于培养基灭菌及微生物振荡培养等。烧杯有50mL、100mL、250mL、500mL、1000mL等不同的规格，常用于配制培养基及各种试剂。一些实验室在进行振荡培养时，也会使用坂口瓶（sakaguchi flask）。在振荡过程中，坂口瓶的通气量要好于锥形瓶。

（5）载玻片（slide）与盖玻片（cover slip）

普通载玻片大小为75mm×25mm，用于微生物涂片、染色，作形态观察等。盖玻片大小为18mm×18mm。

（6）双层瓶（double bottle）

由内外两个玻璃瓶组成：内层小锥形瓶盛放香柏油，供利用油镜头观察微生物时使用；外层瓶盛放二甲苯，用于擦净油镜头。

（7）滴瓶（dropping bottle）

用来装各种染料、生理盐水等。

（8）接种工具

接种工具有接种环（inoculating loop）、接种针（inoculating needle）、接种钩（inoculating hook）、接种铲（inoculating shovel）、玻璃涂棒（glass spreader）等。制造环、针、钩、铲的金属可用铂或镍，原则是软硬适度，能经受火焰反复烧灼，又易冷却。接种细菌和酵母菌用接种环，环的内径约2mm，环面应平整。接种某些不易和培养基分离的放线菌和真菌，有时用接种钩或接种铲，接种钩丝的直径要求粗一些，约1mm。用涂布法在琼脂平板上分离单个菌落时需用玻璃涂棒，也可用不锈钢制涂棒。

（9）移液枪（pipette）及移液枪头（pipette tips）

移液枪主要用于吸取微量液体，故又称微量吸液器或微量加样器。其外形和结构如图1-4-1所示，除塑料外壳外，主要部件有按钮、弹簧、活塞和可装卸的枪头。按动按钮，通过弹簧使活塞上下活动，从而吸进和放出液体。其特点是容量固定，使用时不用观察刻度，操作方便、迅速。一般每个移液枪固定一种容量，微生物学实验室一般使用10～200μL、100～1000μL、5000μL等不同容量的移液枪，每种规格的移液枪都有其固定枪头。每个移液枪在一定的范围内可根据需要调节容积（切勿超出量程，如10～200μL移液枪最多吸取量为200μL）。当调节固定后，每吸一次，容量是固定的。用毕只需调换枪头即可，枪头通

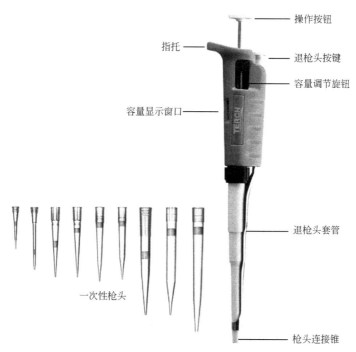

图 1-4-1　移液枪的外形和结构

常为一次性使用。枪头有专用枪头盒。移液枪可用 75％乙醇消毒，切勿用高压灭菌锅消毒。

（10）小离心管（microcentrifugal tube）

常见小离心管有 0.2mL、0.5mL 和 1.5mL 三种，0.2mL 离心管主要用于 PCR 扩增，1.5mL 离心管主要用于离心、稀释样品、保藏菌种等。

1.4.2　玻璃器皿的清洗

清洁的玻璃器皿是实验得到正确结果的先决条件，因此，玻璃器皿的清洗是实验前的一项重要准备工作。清洗方法根据实验目的、器皿的种类、所盛放的物品、洗涤剂的类别及沾污程度等的不同而有所不同。

（1）新玻璃器皿的洗涤

新购置的玻璃器皿含游离碱较多，应先在酸溶液内浸泡数小时。酸溶液一般为 2％的盐酸或洗涤液。浸泡后用自来水冲洗干净。

（2）使用过的玻璃器皿的洗涤

① 试管、培养皿、锥形瓶、烧杯等可用海绵试管刷（瓶刷）蘸上洗洁精或去污粉等洗涤剂刷洗，然后用自来水充分冲洗干净。洗洁精和去污粉较难冲洗干净而且常在器壁上附有一层微小粒子，故要用水充分冲洗多次甚至 10 次以上，或先用稀盐酸摇洗一次，再用自来水冲洗，然后倒置于铁丝框内或有空心格子的木架上，在室内晾干（亦可盛于框内或搪瓷盘上，放烘箱烘干）。

装有固体培养基的器皿应先将其内的培养基刮去，然后洗涤。带菌的器皿在洗涤前先浸泡在 2％煤酚皂溶液（来苏尔）或 0.25％新洁尔灭消毒液内 24h 或煮沸 30min，再用洗洁精或去污粉等进行洗涤。带病原菌的培养物要先进行高压蒸汽灭菌，然后将培养物倒去，再进行洗涤。

盛放一般培养基用的器皿经上述方法洗涤后，即可使用，若需精确配制化学试剂，或做科研用的精确实验，要求自来水冲洗干净后，再用蒸馏水淋洗三次，晾干或烘干后备用。

② 用过的载玻片与盖玻片上如滴有香柏油，要先用皱纹纸擦去或浸在二甲苯内摇晃几次，使油垢溶解，再在肥皂水中煮沸 5～10min，用软布或脱脂棉花擦拭，再用自来水冲洗，然后在稀洗涤液中浸泡 0.5～2h，用自来水冲去洗涤液，最后用蒸馏水冲洗数次，待水分蒸发后浸于 95％酒精中保存备用。使用时在火焰上烧去酒精。

1.4.3 空玻璃器皿的包装

（1）培养皿的包装

培养皿常用数层旧报纸包好，再用细线扎紧。一般以 10 套培养皿作一包。包好后进行干热灭菌。如将培养皿放入不锈钢平皿桶内进行干热灭菌，则不必用纸包扎。不锈钢平皿桶里面有一个装培养皿的带底框架，可从桶内提出，用于装取培养皿。

（2）试管和锥形瓶等的包装

先用海绵硅胶塞将试管（锥形瓶）塞好，然后在硅胶塞与管口（瓶口）的外面用两层报纸包好，并用细线扎紧，进行干热灭菌。

空的玻璃器皿一般用干热灭菌，若需湿热灭菌，则要多用几层报纸包扎，外面最好再加一层牛皮纸。

如果试管使用铝制试管盖，则不必包扎，可直接干热灭菌。如果是塑料盖，则需湿热灭菌。

参考文献

［1］ 中国实验室国家认可委员会.实验室认可与管理基础知识［M］.北京：中国计量出版社，2003.
［2］ 国家认证认可监督管理委员会.实验室资质认定工作指南［M］.北京：中国计量出版社，2006.
［3］ 王陇德.实验室建设与管理［M］.北京：人民卫生出版社，2005.
［4］ 祁国明.病原微生物实验室生物安全［M］.第 2 版.北京：人民卫生出版社，2006.
［5］ 邓勃，王庚辰，汪正范.分析仪器与仪器分析概论［M］.北京：化学工业出版社，2005.
［6］ 陈郎滨，王廷和.现代实验室管理［M］.北京：冶金工业出版社，1999.
［7］ 武桂珍.实验室生物安全个人防护装备基础知识与相关标准［M］.北京：军事医学科学出版社，2012.
［8］ WS 233—2017.病原微生物实验室生物安全通用准则［S］.2017.
［9］ GB 19489—2008.实验室生物安全通用要求［S］.2008.
［10］ 夏玉宇.化验员实用手册［M］.北京：化学工业出版社，1999：81-82.
［11］ 李海霞.防护手套的选用［J］.中国个体防护设备，2004（6）：37.
［12］ 蔡新，周铭.防护手套的基本特性及选择标准［J］.中国个体防护装备，2003（3）：27-29.

2 环境微生物学基础实验

环境微生物学基础实验的教学目的是验证、巩固微生物学的基础知识。通过如光学显微镜的操作及微生物个体形态观察，细菌革兰氏染色，细菌的特殊染色，放线菌形态和结构观察，霉菌形态、结构及菌落特征的观察，酵母菌的形态和结构观察及死、活细胞的鉴别，活性污泥的样品制备及电子显微镜观察，微生物细胞大小的测定，微生物细胞的计数，微生物培养基的配制，培养基及器皿的消毒灭菌等实验，使学生加深对环境微生物学课堂知识的理解，进一步掌握环境微生物的特点、生命活动规律以及在环境科学与工程中的应用。

2.1 光学显微镜的操作及微生物个体形态观察

2.1.1 实验目的

① 了解普通光学显微镜的构造及原理，掌握显微镜的操作及保养方法；
② 了解油浸系物镜的基本原理，掌握其使用方法；
③ 学习和掌握观察微生物形态的基本方法，了解细菌、放线菌和霉菌的形态特征。

2.1.2 显微镜的结构、光学原理

普通光学显微镜的构造可分为两大部分：一部分为机械装置，一部分为光学系统。

2.1.2.1 显微镜的机械装置

显微镜的机械装置包括镜座、镜臂、镜筒、物镜转换器、载物台、推动器及调焦装置等部件。

（1）镜座

镜座（base）位于显微镜底部，作用是支撑整个显微镜，装有电源开关、照明光源、保险丝、光源滑动变阻器等。

（2）镜臂

镜臂（arm）连接镜筒和镜座，作用是支撑镜筒、载物台、聚光器和调焦装置等，也是

取放显微镜时手握的部位。

（3）镜筒

镜筒（body tube）上端放置目镜，下端连接物镜转换器。从物镜的后缘到镜筒尾端的距离称为机械筒长。因为物镜的放大率是对一定的镜筒长度而言的，改变镜筒长度，不仅放大倍率随之变化，而且成像质量也受到影响。因此，使用显微镜时，不能任意改变镜筒长度。国际上将显微镜的标准筒长定为160mm，此数字标在物镜的外壳上。

安装目镜的镜筒，有单筒、双筒及三筒3种。单筒又可分为直立式和倾斜式2种，双筒则只有倾斜式1种，实验室使用较多的是双筒显微镜。两眼可同时观察双筒显微镜以减轻眼睛的疲劳。双筒之间的距离可以调节，而且其中有一个目镜有屈光度调节（即视力调节）装置，便于两眼视力不同的观察者使用。

（4）物镜转换器

物镜转换器（nosepiece）固定在镜筒下端，有3～4个物镜螺旋口，物镜通常按放大倍数高低顺序排列。转动转换器，可以按需要将其中的任何一个物镜和镜筒接通，与镜筒上面的目镜构成一个放大系统。

（5）载物台

载物台（stage）又称工作台、镜台，其作用是安放载玻片，通常为方形，中间有一个通光孔。在载物台上装有固定标本的金属标本夹，并装有标本推动器。

（6）推动器

推动器（propeller）是移动标本的机械装置，由一横一纵两个推进齿轴的金属架构成，转动其上螺旋，可使标本片向前、后、左、右移动。通常显微镜的纵横架杆上刻有刻度标尺，构成精密的平面坐标系。如需要重复观察已检查标本的某一物像时，可在第一次检查时记下纵横标尺的数值，下次按数值移动推进器，就可以找到原来标本的位置。

（7）调焦装置

调焦装置（focusing device）可调节物镜和所需观察的物体之间的距离。调焦装置有粗动螺旋（也称粗调节器）和微动螺旋（也称细调节器）。有的显微镜粗细调节器装在同一轴上，大螺旋为粗调节器，小螺旋为细调节器；有的则分开安置，位于镜臂的上端较大的一对螺旋为粗调节器，位于粗调节器下方较小的一对螺旋为细调节器。粗调节器转动一周，镜筒上升或下降10mm。通常在使用低倍镜时，先用粗调节器迅速找到物像。细调节器转动一周，镜筒升降值为0.1mm，多在运用高倍镜时使用，从而得到更清晰的物像，并借以观察标本的不同层次和不同深度的结构。原则上，微动螺旋每次旋转不超过一周。图 2-1-1 为普通光学显微镜的机械构造示意图。

2.1.2.2 显微镜的光学系统及光学原理

显微镜的光学系统由目镜、物镜、聚光器、虹彩光圈、光源、滤光片等组成，光学系统使标本物像放大，形成倒立的放大物像。图 2-1-2 为普通光学显微镜光学系统示意图。

（1）目镜

目镜（ocular lens）的结构较物镜简单，通常由两片透镜组成，上端的一片透镜称"接目镜"，下端的透镜称"场镜"。上下透镜之间或在两个透镜的下方，装有由金属制的环状光阑（或称"视场光阑"），物镜放大后的中间像就落在视场光阑平面处，所以其上可安置目镜测微尺。

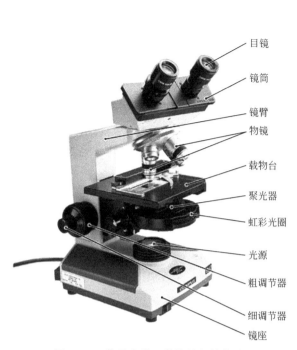

图 2-1-1 普通光学显微镜的机械构造

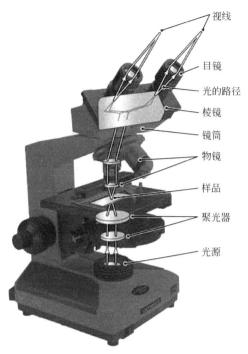

图 2-1-2 普通光学显微镜光学系统

目镜装在镜筒上端，作用是把物镜放大了的实像再放大一次，并把物像映入观察者的眼中。通常备有 2～3 个，上面刻有 5×、10× 或 16× 符号以表示其放大倍数，倍数越低镜头越长（因目镜的放大倍数与目镜的焦距成反比）。目镜只能起放大作用，不会提高显微镜的分辨率，因此目镜的放大倍数过大，反而影响观察效果。一般显微镜上装的是 10× 的目镜（图2-1-3）。

图 2-1-3 普通光学显微镜的目镜

（2）物镜

物镜（objective lens）安装在镜筒下端的转换器上，因接近被观察的物体，故又称接物镜（图 2-1-4）。其作用是将物体作第一次放大，是决定成像质量和分辨能力的重要部件。一般有 3～4 个物镜，每个物镜常加有一圈不同颜色的线，并标有数值孔径、放大倍数、镜筒长度、焦距等主要参数（图 2-1-5）。如：NA 0.30；10×；160/0.17；16mm。其中"NA 0.30"表示数值孔径（nu-

图 2-1-4 普通光学显微镜的物镜

图 2-1-5 光学显微镜物镜参数

merical aperture，NA），"10×"表示物镜放大倍数，"160/0.17"分别表示镜筒长度和所需盖玻片厚度（mm），16mm表示焦距。一般放大倍数越高的物镜，镜头越长，工作距离越小，油镜的工作距离只有 0.19mm。

物镜成像的质量对分辨力有着决定性的影响。物镜的性能取决于物镜的数值孔径，每个物镜的数值孔径都标在物镜的外壳上，数值孔径越大，物镜的性能越好。

① 物镜的分类　根据物镜前透镜与被检物体之间的介质不同，可分为：

a. 干燥系物镜：以空气为介质，如常用的40×以下的物镜，数值孔径值均小于1。

b. 油浸系物镜：常以香柏油为介质，此物镜又叫油镜（头），其放大倍数为 90～100，数值孔径值大于1。

根据物镜放大倍数的高低，可分为：

a. 低倍物镜（10 倍以下），NA 值为 0.04～0.15；

b. 中倍物镜（20 倍左右），NA 值为 0.15～0.40；

c. 高倍物镜（40～65 倍），NA 值为 0.35～0.95；

d. 油浸物镜（90～100 倍），NA 值为 1.25～1.40。

根据物镜像差校正的程度，可分为：

a. 消色差物镜：最常用的物镜，可以消除红光和青光形成的色差。外壳上标有"Ach"字样，镜检时通常与惠更斯目镜配合使用。

b. 复消色差物镜：物镜外壳上标有"Apo"字样，除能校正红、蓝、绿三色光的色差外，还能校正黄色光造成的相差，通常与补偿目镜配合使用。

c. 特种物镜：在上述物镜基础上，为达到某些特定观察效果而制造的物镜。如：带校正环物镜、带视场光阑物镜、相差物镜、荧光物镜、无应变物镜、无罩物镜、长工作距离物镜等。

普通光学显微镜常用的目镜为惠更斯目镜。研究中常用的物镜有：平场物镜、平场消色差物镜、平场复消色差物镜、超平场物镜、超平场复消色差物镜等。

表 2-1-1 为不同物镜的分辨率与数值孔径。

表 2-1-1　不同物镜的分辨率与数值孔径

放大倍数	物镜类型					
	平场消色差		平场萤石		平场复消色差	
	NA	分辨率/μm	NA	分辨率/μm	NA	分辨率/μm
4×	0.10	2.75	0.13	2.12	0.20	1.375
10×	0.25	1.10	0.30	0.92	0.45	0.61
20×	0.40	0.69	0.50	0.55	0.75	0.37
40×	0.65	0.42	0.75	0.37	0.95	0.29
60×	0.75	0.37	0.85	0.32	0.95	0.29
100×	1.25	0.22	1.30	0.21	1.40	0.20

② 物镜的主要参数　物镜主要参数包括：放大倍数、数值孔径、分辨力及工作距离。

a.放大倍数（magnification）是指眼睛看到像的大小与对应标本大小的比值。显微镜的放大倍数等于物镜的放大倍数与目镜的放大倍数的乘积，如物镜为 $10\times$，目镜为 $10\times$，其放大倍数就为 $10\times10=100$。它指的是长度的比值而不是面积的比值。长度 $1\mu m$ 的标本，放大 100 倍后像的长度是 $100\mu m$（以面积计算，则为 10000 倍）。

b.数值孔径（numerical aperture，NA）也叫镜口率（或开口率），即光线投射到物镜上的最大角度（镜口角）一半的正弦值，乘以玻片与物镜间介质的折射率所得的乘积，是物镜和聚光器的主要参数，也是判断它们性能的最重要指标。在物镜和聚光器上都标有它们的数值孔径。

数值孔径可用下式表示：

$$NA=n\times\sin\alpha$$

式中　n——物镜与标本之间的介质折射率；

　　　α——物镜最大入射角数值的一半（镜口角的一半），（°）。

因此，光线投射到物镜的角度愈大，显微镜的效能就愈大（图 2-1-6），该角度的大小决定于物镜的直径和焦距。而 α 的理论限度为 $90°$，$\sin 90°=1$，所以以空气为介质时（$n=1$），数值孔径总是小于 1，一般为 $0.05\sim0.95$。油浸物镜如用香柏油（$n=1.515$）浸没，则数值孔径最大可接近 1.5。虽然理论上数值孔径的极限等于所用浸没介质的折射率，但实际上从透镜的制造技术看，是不可能达到这一极限的。通常在实用范围内，高级油浸物镜的最大数值孔径是 1.4。

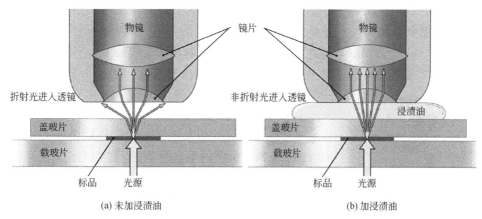

(a) 未加浸渍油　　　　　　　　　　　　　　(b) 加浸渍油

图 2-1-6　光学显微镜工作原理

当 $\alpha=60°$，$\sin 60°\approx0.87$ 时，不同介质的数值孔径如下：

以空气为介质时：$NA=1\times0.87=0.87$

以水为介质时：$NA=1.33\times0.87\approx1.16$

以甘油为介质时：$NA=1.47\times0.87\approx1.28$

以玻璃为介质时：$NA=1.5\times0.87\approx1.30$

以香柏油为介质时：$NA=1.52\times0.87\approx1.32$

c.分辨力（resolution）是指显微镜能辨别两点之间的最小距离的能力。在明视距离（25cm）处，正常人眼能看清相距 0.073mm 的两个物点，0.073mm 即为正常人眼的分辨距离。显微镜的分辨距离越小，即表示它的分辨力越高，也就表示它的性能越好。

当用普通的中央照明法（使光线均匀地透过标本的明视照明法）时，显微镜的分辨距离为：

$$D = \lambda / (2NA)$$

式中　D——物镜的分辨距离，μm；

　　　λ——照明光线波长，μm；

　　NA——物镜的数值孔径。

可见显微镜的分辨力与物镜的数值孔径成正比，与光线波长成反比。增大数值孔径，缩短波长均可提高显微镜的分辨力，使被检物体的细微结构更清晰可见。事实上可见光的波长为 $0.38 \sim 0.7\mu m$，平均波长为 $0.55\mu m$，是不可能缩短的，只有靠增大数值孔径来提高分辨力。

如果使用数值孔径为 0.65 的高倍物镜，它能辨别两点之间的距离 $D = 0.55\mu m / (2 \times 0.65) \approx 0.42\mu m$。而在 $0.42\mu m$ 以下的两点之间的距离就分辨不出，即使用倍数更大的目镜，使显微镜的总放大倍数增加，也仍然分辨不出。只有改用数值孔径更大的物镜，增加其分辨力才行。如果使用数值孔径为 1.25 的物镜，则 $D = 0.55\mu m / (2 \times 1.25) \approx 0.22\mu m$。凡被检物体长度大于这个数值，均能看见。由此可见，D 值愈小，分辨力愈高，物像愈清楚。根据上式，可通过降低波长，增大浸没介质折射率，或加大镜口角来提高分辨力。紫外线作光源的显微镜和电子显微镜就是利用短光波来提高分辨力以检视较小的物体的。物镜分辨力的高低与造像是否清楚有密切的关系。目镜没有这种性能，只放大物镜所造的像。

通常认为，使用任何一个物镜时，有效放大倍数的上限是 1000 乘它的数值孔径，下限是 250 乘它的数值孔径。如 40× 物镜的数值孔径是 0.65，则上限为：$1000 \times 0.65 = 650$ 倍，下限为：$250 \times 0.65 \approx 163$ 倍。超过有效放大倍数上限的叫作无效放大，不能提高观察效果；低于下限的放大倍数则人眼无法分辨，不利于观察。一般最实用的放大倍数范围是 $500 \sim 700$ 乘数值孔径之间的数值。

d. 工作距离（working distance，WD）是指当所观察的标本最清楚时物镜的前端透镜下端到标本的盖玻片上面的距离（图 2-1-7）。物镜的工作距离与物镜的焦距有关，物镜的焦距越长，放大倍数越低，其工作距离越长。如平场半复消色差 10× 物镜有效工作距离为 10mm，20× 物镜有效工作距离为 2.1mm，40× 物镜有效工作距离为 0.51mm。

盖玻片的标准厚度是 $0.17mm \pm 0.02mm$，如盖玻片厚度不合适，就会影响成像质量。载玻片的标准厚度是 $1.1mm \pm 0.04mm$，一般可用范围是 $1 \sim 1.2mm$，若太厚会影响聚光器效能，太薄则容易破裂。

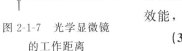

图 2-1-7　光学显微镜的工作距离

(3) 聚光器

聚光器（condenser）由聚光透镜、升降螺旋和能调节开孔大小的虹彩光圈组成，安装在载物台的下面，可根据光线的需要，上下调整。其作用是将光源射出的光线聚焦于标本上，以得到最强的照明，使物像变得明亮清晰。聚光器的焦点在其上方 1.25mm 处，而其上升限度为载物台平面下方 0.1mm。因此，要求使用的载玻片厚度应在 $0.8 \sim 1.2mm$ 之间，否则被检样品不在焦点上，影响镜检效果。一般用低倍镜时降低聚光器，用油镜时升至最高处。

普通光学显微镜配置的都是明视场聚光器，分为阿贝聚光器、齐明聚光器和摇出聚光器三种。研究型显微镜配有性能更好的消色差摇出式聚光器。

（4）虹彩光圈

装在聚光器前透镜组前面的虹彩光圈（iris diaphragm）可以扩大和缩小，影响着成像的分辨力和反差。若虹彩光圈开放过大，超过物镜的数值孔径时，便产生光斑；若收缩虹彩光圈过小，虽反差增大，但分辨力下降。因此，在观察时，通过虹彩光圈的调节再把视场光阑（带有视场光阑的显微镜）开启到视场周缘的外切处，使不在视场内的物体得不到任何光线的照明，以避免散射光的干扰。

（5）光源

显微镜的光源（light source）通常安装在显微镜的镜座内，可通过调节电压以获得适当的照明亮度。

（6）滤光片

可见光是各种颜色的光组成的，不同颜色的光线波长不同。如只需某一波长的光线，可选用合适的滤光片（filter），以提高分辨力，增加反差和清晰度。滤光片有紫、青、蓝、绿、黄、橙、红等各种颜色的，可根据标本本身的颜色，在聚光器下加相应的滤光片。滤光片安装在光源和聚光器之间。

显微镜的放大是通过透镜来完成的，单透镜成像具有像差，影响像质。由单透镜组合而成的透镜组相当于一个凸透镜，放大作用更好。普通光学显微镜利用目镜和物镜两组透镜系统来放大成像，故又常被称为复式显微镜。

在显微镜的光学系统中，物镜的性能最为关键，其次为目镜和聚光器的性能。物镜相当于投影仪的镜头，物体通过物镜成倒立、放大的实像；目镜相当于普通的放大镜，该实像又通过目镜成正立、放大的虚像。平行光线通过聚光器透过被检物体进入物镜，被检物体经过物镜与目镜连续两次放大，在人眼视网膜上形成倒置放大的实像。

2.1.3　实验器材

① 示范片：大肠杆菌（*Escherichia coli*）、枯草芽孢杆菌（*Bacillus subtilis*）、金黄色葡萄球菌（*Staphylococcus aureus*）及青霉菌（*Penicillium* sp.）的染色玻片标本。

② 溶液及试剂：香柏油、二甲苯。

③ 仪器及其他用具：普通光学显微镜、擦镜纸等。

2.1.4　实验方法

2.1.4.1　观察前的准备

① 显微镜从显微镜柜或镜箱内拿出时，要用右手紧握镜臂，左手托住镜座，平稳地将显微镜搬运到实验桌上。

② 镜检者姿势要端正，两眼必须同时睁开，以减少疲劳，亦可练习左右眼均能观察。单目显微镜一般用左眼观察，用右眼帮助绘图或做记录。双目显微镜用双眼观察。双筒显微镜的目镜间距可以适当调节，且左目镜上一般还配有屈光度调节环，瞳距不同或两眼视力有差异的使用者可以根据个人情况进行调节。

③ 调节光照。对光时应避免直射光源，因直射光源影响物像的清晰度，损坏光源装置和镜头，并刺激眼睛。

调节光源时，先将聚光器上的虹彩光圈打开到最大，升高聚光器至与载物台同高（否则使用油镜时光线较暗）。然后转下低倍镜观察光源强弱，并通过旋转电流旋钮进行调节。检查染色标本时，光线应强；检查未染色标本时，光线不宜太强。通过扩大或缩小虹彩光圈、升降聚光器也可调节光线。

④ 调节光轴中心。在用显微镜观察时，其光学系统中的光源、聚光器、物镜和目镜的光轴及光阑的中心必须跟显微镜的光轴同在一条直线上。带视场光阑的显微镜，先将光阑缩小，用10×物镜观察，在视场内可见到视场光阑圆球多边形的轮廓像，如果像不在视场中央，可利用聚光器外侧的两个调整旋钮将其调到中央，然后缓慢地将视场光阑打开，能看到光束向视场边缘均匀展开直至视场光阑的轮廓像完全与视场边缘内接，说明光线已经合轴。

2.1.4.2 低倍镜观察

镜检任何标本都要养成必须先用低倍镜观察的习惯。因为低倍镜视野较大，易于发现目标和确定检查的位置。

① 将微生物标本片放置在载物台上，用标本夹卡住，移动推动器，使被观察的标本处在圆孔的正中央。

② 转动粗调节器，使物镜调至接近标本处（物镜的尖端距载玻片约0.5cm处）。

③ 用目镜观察并同时转动粗调节器慢慢下降载物台，直至物像出现，再用细调节器调节使物像清晰为止。

④ 用推动器移动标本片，找到合适的目的像并将它移到视野中央进行观察。

2.1.4.3 高倍镜观察

使用高倍镜前，先用低倍镜观察，发现目的物后将它移至视野正中央（将低倍物镜转换成高倍物镜观察时，视野中的物像范围缩小了很多）。

① 转动转换器使高倍镜和低倍镜互相对换。旋转物镜转换器时，应用手指捏住旋转碟旋转，不要用手指推动物镜（频繁推动物镜容易使光轴歪斜，使成像质量变差）。当高倍镜移动到载玻片时，往往镜头十分靠近载玻片。因此在转换物镜时，须在侧面观察，避免镜头与玻片相撞。在正常情况下，低倍物镜和高倍物镜基本同焦（par focal），在用低倍物镜观察清晰时，换高倍物镜应可以看到物像。如果高倍物镜触及载玻片应立即停止旋动，说明原来用低倍镜观察时就没有调准焦距，目的物并没有找到，要用低倍镜重调。转换物镜后，不允许使用粗调节器，只能用细调节器，使像清晰。

② 用目镜观察，并仔细调节光圈，使光线的明亮度适宜。

③ 用细调节器调节至物像清晰为止，找到最适宜观察的部位后，将此部位移至视野中心，准备用油镜观察。

2.1.4.4 油镜观察

油浸物镜的工作距离很短，一般在0.2mm以内，因此使用油浸物镜时要特别小心，避免压碎标本片使物镜受损。

使用油镜按下列步骤操作。

① 先用粗调节器将载物台下降约2cm，并将高倍镜转出。

② 在玻片标本的镜检部位滴上一滴香柏油。

③ 从侧面注视，调节粗调节器使载物台缓缓地上升，使油浸物镜浸入香柏油中（几乎与标本接触）。

④ 从目镜内观察，放大视场光阑及聚光器上的虹彩光圈，上调聚光器，使光线充分照明。再调节粗调节器使载物台徐徐下降，直至视野出现物像，然后用细调节器校正焦距。如油镜已离开油面而仍未见到物象，必须再从侧面观察，重复上述操作。

⑤ 观察完毕，关闭电源，下降载物台，将油镜头转出，先用擦镜纸擦去镜头上的油，再用擦镜纸蘸少许二甲苯，擦去镜头上残留油迹，最后再用擦镜纸擦拭 2～3 下即可（注意向一个方向擦拭）。如不及时进行清洁，香柏油粘上灰尘，擦拭时灰尘粒子可能磨损透镜，香柏油在空气中暴露时间长，还会变稠、变干，擦拭很困难，对仪器很不利。

将取下的标本片用擦镜纸擦 1～2 次，然后加少许二甲苯于滴过油的标本上，以擦镜纸向一个方向轻轻拖拉，除去标本上的油。一次不行可以重复，但不可来回擦抹，以免擦掉标本。

⑥ 将各部分还原，转动物镜转换器，使物镜镜头不与载物台通光孔相对，而是成"八"字形位置，再将载物台下降至最低，用一个干净手帕将目镜罩好，以免目镜镜头沾染灰尘，最后用柔软纱布清洁载物台等机械部分，将显微镜放回柜内或镜箱中。

2.1.5 注意事项

① 搬动显微镜时，一定要右手拿镜臂，左手托镜座，保持镜体直立，不可单手拿。

② 使用显微镜之前，应熟悉显微镜的各部分名称及使用方法，特别应掌握识别三种物镜的特征。

③ 不要擅自拆卸显微镜的任何部件，以免损坏。

④ 显微镜不能在阳光下暴晒和使用。

⑤ 观察标本时，必须依次用低、中、高倍镜，最后用油镜。当目视目镜时，特别在使用油镜时，切不可使用粗调节器，以免压碎玻片或损伤镜面。

⑥ 在观察时应将聚光器上升到其上端透镜平面仅稍稍低于载物台平面的高度，这样聚光焦点就可能落到位于标准厚度载玻片上的标本上（使用平行光照明时，聚光器的聚光焦点是在其上端透镜平面中心上方约 1.25mm 之处）。

⑦ 当聚光器的数值孔径低于物镜数值孔径时，物镜的数值孔径就无法达到它的最高分辨力；当聚光器的数值孔径大于物镜数值孔径时，则一方面不能提高物镜的规定分辨力，另一方面反而会由于照明光束过宽，使物像的清晰度下降。因此在完成照明、调焦操作后，可取下目镜直接向镜筒中看，把聚光器下的可变光阑关到最小，再慢慢地开大。开到它的口径与所见视场的直径恰好一样大，然后安上目镜，即可进行观察。每转换一次物镜，都要随着依次进行这样的配合操作。有的聚光器可变光阑的边框上刻有表示开启口径的尺度，可以根据刻度来进行配合使用。

⑧ 在聚光器的数值孔径值确定后，若需改变光照强度，可通过升降聚光器或改变光源的亮度来实现，原则上不应再通过虹彩光圈调节。

⑨ 在移动玻片标本时需注意：观察到的物像与实际移动方向相反。如：在视野上方的物像，实际上是在玻片标本的下方，要把它移向视野中央，应将玻片标本向上方移动；同理，视野左侧的物像实际在玻片标本的右方，要将它移向视野中央，应将玻片标本向左侧移动。

⑩ 转换物镜时，要从侧面观察，避免镜头和玻片相撞。转动转换器时，不要用手指直接搬动物镜的镜头。

⑪ 观察新鲜标本时，须加盖玻片，以免标本因蒸发而干燥变形或污染侵蚀物镜，同时可使标本表面平整，光线得以集中，有利于观察。

⑫ 转动调节器时必须缓缓转动，否则会逐渐导致载物台易自行下滑。

⑬ 观察时必须双眼同时睁开。

⑭ 观察完毕，必须将载物台下降后，才能取下装片。放入另一装片后，要按使用油镜要求，重新操作。不能在油镜下直接取下和替换装片。

⑮ 显微镜用完后，取下标本片，下调聚光器，再将物镜转成"八"字形，转动粗调节器使载物台下降，以免接物镜与聚光器相碰。然后立即用干擦镜纸擦去残留二甲苯，以免镜头脱胶。

⑯ 镜面只能用擦镜纸擦，不能用手指或粗布，以保证光洁度。

⑰ 将显微镜放至干燥通风处，并避免阳光直射，避免和挥发性化学试剂放在一起。

2.1.6 实验报告

分别绘出低倍镜、高倍镜和油镜下观察到的大肠杆菌、金黄色葡萄球菌、枯草芽孢杆菌及青霉菌的形态，包括在三种情况下视野中的变化。同时注明物镜放大倍数和总放大倍数。

2.1.7 思考题

① 普通光学显微镜的目镜与物镜的常用放大倍数有几种？显微镜的放大倍数越高，分辨力越高吗？为什么？举例说明。

② 影响显微镜分辨力的因素有哪些？

③ 观察细菌时为何使用油镜？油镜与干燥系物镜使用方法有何不同？

④ 用油镜观察时，为什么要在载玻片上滴加香柏油？

⑤ 在使用高倍镜和油镜进行调焦时，应将镜筒徐徐上升还是下降？为什么？

⑥ 用油镜观察时应注意哪些问题？

⑦ 试列表比较低倍镜、高倍镜及油镜的差异。为什么在使用高倍镜及油镜之前要先用低倍镜进行观察？

⑧ 要使显微镜视野明亮，除采用光源外，还可采取哪些措施？

2.2 细菌革兰氏染色

2.2.1 实验目的

① 了解革兰氏染色法的原理，并掌握其操作方法；

② 学习并掌握微生物涂片、染色的基本技术和无菌操作技术；

③ 学习并掌握显微镜（油镜）的使用方法。

2.2.2 实验原理

革兰氏染色法是1884年由丹麦病理学家C. Gram所创立的。革兰氏染色法可将细菌区分为革兰氏阳性菌（G$^+$）和革兰氏阴性菌（G$^-$）两大类，是细菌学上最常用的鉴别性染色法。

革兰氏染色法的基本步骤是：先用初染剂结晶紫进行染色，再用碘液进行媒染，然后用乙醇（或丙酮）进行脱色，最后用复染剂（如番红）进行复染。经此方法染色后，细胞保留初染剂蓝紫色的细菌为革兰氏阳性菌；如果细胞中初染剂被脱色剂洗脱而使细菌染上复染剂的颜色（红色），该菌属于革兰氏阴性菌。革兰氏染色反应是细菌重要的鉴别特征，为保证染色结果的正确性，必须采用规范的染色方法。

细菌对革兰氏染色的不同反应是由它们细胞壁的成分和结构不同而造成的。初染后，所有细菌都被染成初染剂的蓝紫色。碘作为媒染剂，能与结晶紫结合成结晶紫-碘的复合物，增强染料与细菌的结合力。革兰氏阳性菌的细胞壁主要由肽聚糖形成的网状结构组成，壁厚、类脂质含量低，当用脱色剂乙醇脱色时细胞壁脱水，使肽聚糖层的网状结构孔径缩小，透性降低，从而使结晶紫-碘的复合物不易被洗脱而保留在细胞内，经脱色和复染后仍保留初染剂的蓝紫色。革兰氏阴性菌则不同，由于其细胞壁肽聚糖层较薄、类脂质含量高，所以当脱色处理时，类脂质被乙醇溶解，细胞壁透性增大，使结晶紫-碘的复合物比较容易被洗脱出来，用复染剂复染后，细胞被染上复染剂的红色。

2.2.3 实验器材

① 材料：枯草芽孢杆菌（*Bacillus subtilis*）12～18h营养琼脂斜面培养物，大肠杆菌（*Escherichia coli*）约24h营养琼脂斜面培养物。

② 试剂：革兰氏染色液（革兰氏染色液配制方法见附录Ⅲ）、生理盐水。

③ 器材：显微镜、酒精灯、接种环、双层瓶（内装香柏油和二甲苯）、小试管、滴管、烧杯、试管架、滤纸、木夹子、载玻片、盖玻片、无菌水、擦镜纸等。

2.2.4 实验方法

（1）涂片固定

在干净的载玻片中央滴加一滴无菌水，用接种环进行无菌操作，挑取培养物少许，置于载玻片的水滴中，与水混合做成菌悬液并涂布成直径约1cm的薄层。为避免因菌数过多聚集成团，不利于观察细菌个体形态，可在载玻片一侧进行上述操作，而在另一侧再加一滴水，从已涂布的菌液中再取一环于此水滴中进行稀释，涂布成薄层。若材料为液体培养物或固体培养物中洗下制备的菌悬液，则直接涂布于载玻片上即可，如菌悬液浓度较大，也可使用水滴再进行一次稀释。

涂片最好在室温条件下使其自然干燥，有时为了使之干得更快些，可将标本面向上，手持载玻片一端的两侧，小心地在酒精灯火焰上方较高的位置微微加热，使水分蒸发，但切勿紧靠火焰或加热时间过长，以防标本烤枯而变形。

标本干燥后即进行固定，固定的目的有三个：

① 杀死微生物，固定细胞结构。

② 保证菌体能更牢固地黏附在载玻片上，防止标本水洗时被水冲洗掉。

③ 改变细胞对染料的通透性，因为死的原生质比活的原生质易于染色。

固定常常利用高温，手执载玻片的一端（涂有标本的远端），标本向上，在酒精灯火焰外层尽快地来回通过 3~4 次，持续约 2~3s，并不时用载玻片背面接触皮肤，以不觉过烫为宜（不超过 60℃），待放置冷却后，再进行染色。

（2）染色水洗

在固定过的涂片菌膜上滴加草酸铵结晶紫染液，染色液应完全覆盖整个菌膜，染色 1min。然后手执载玻片的一端使之成 45°角，用细小的水流把多余的染料冲洗掉，被菌体吸附的染料则保留。

（3）媒染

滴加卢戈氏碘液冲去残水，并用碘液覆盖 1min，然后用水冲去碘液。

（4）脱色

斜置载玻片于一烧杯上，滴加 95% 乙醇，并轻轻摇动载玻片，至乙醇溶液不呈现紫色时停止（约 30s）。立即用水冲净乙醇并用滤纸轻轻吸干。

（5）复染

番红染色液复染 1min，水洗。

（6）吸干并镜检

先用低倍镜找到菌体，再用香柏油覆盖涂菌部位，用 100× 的物镜观察染色情况。观察结束后，用二甲苯擦洗镜头。

革兰氏染色操作步骤如图 2-2-1 所示，革兰氏染色结果如图 2-2-2 所示。

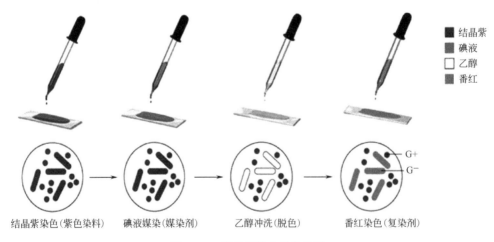

图 2-2-1 革兰氏染色操作步骤

2.2.5 注意事项

① 微生物培养时间不超过 24h。

② 脱色是革兰氏染色的关键，必须严格掌握乙醇的脱色程度。若脱色过度则阳性菌被误染为阴性菌，而脱色不够时阴性菌被误染为阳性菌。

③ 对未知微生物菌种进行鉴定时，必须要用革兰氏阴性菌和革兰氏阳性菌作对照。

图 2-2-2　革兰氏染色结果

2.2.6　实验报告

列表简述 2 种细菌的染色观察结果（形状、颜色、革兰氏染色反应）（表 2-2-1）。

表 2-2-1　观察结果

项目	大肠杆菌	枯草芽孢杆菌
颜色		
形状		
性质		

2.2.7　思考题

① 你认为要得到正确的革兰氏染色结果必须注意哪些操作？关键在哪一步？为什么？
② 现有一株细菌宽度明显大于大肠杆菌的粗壮杆菌，请你鉴定其革兰氏染色反应。
③ 制作革兰氏染色涂片时为什么不能过于浓厚？其染色成败的关键步骤是什么？
④ 你的染色结果是否正确？如果不正确，请说明原因。

2.3　细菌的特殊染色

2.3.1　实验目的

① 了解细菌鞭毛染色、芽孢染色及荚膜染色的原理及基本方法；
② 观察细菌鞭毛、芽孢及荚膜的着生情况。

2.3.2　实验原理

微生物（尤其是细菌）的细胞是无色透明的，在显微镜下，由于光源是自然光，微生物菌体与其背景反差小，不易看清微生物的形态和结构，若增加其反差，微生物的形态就可看得清楚。通常用染料将菌体染上颜色以增加反差，便于观察。微生物细胞是由蛋白质、核酸等两性电解质及其他化合物组成。所以微生物细胞表现出两性电解质的性质。两性电解质兼有碱性基和酸性基，在酸性溶液中解离出碱性基呈碱性带正电；在碱性溶液中解离出酸性基呈酸性带负电。经测定，细菌等电点在 pH 2～5 之间，故在中性（pH＝7）、碱性（pH＞7）或偏酸性（pH＝6～7）的溶液中，细菌的等电点均低于上述溶液的 pH 值，所以细菌带负电荷，容易与带正电荷的碱性染料结合。碱性染料包括美蓝、甲基紫、结晶紫、龙胆紫、碱性品红、中性红、孔雀绿及番红等。

微生物体内各结构与染料结合力不同，故可用各种染料分别对微生物的各结构进行染色，以便观察。

鞭毛是细菌的运动"器官"，一般细菌的鞭毛都非常纤细，其直径为 0.01～0.02μm，只有用电子显微镜才能观察到。但是，如采用特殊的染色法，则在普通光学显微镜下也能观察到鞭毛。鞭毛染色方法很多，但其基本原理相同，即在染色前先通过媒染剂的沉淀作用，让染料堆积在鞭毛上，使鞭毛直径加粗，然后再进行染色（图 2-3-1）。常用的媒染剂由丹宁酸和氯化高铁或钾明矾等配制而成。

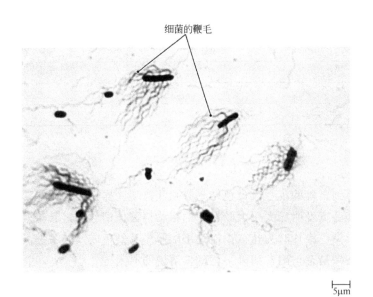

图 2-3-1　染色后的细菌鞭毛

大多数球菌不生鞭毛，杆菌中有的有鞭毛有的无鞭毛，弧菌和螺旋菌几乎都有鞭毛。有鞭毛的细菌在幼龄时具有较强的运动力，衰老的细胞鞭毛易脱落，故观察时宜选用幼龄菌体。

芽孢又叫内生孢子（endospore），是某些细菌生长到一定阶段在菌体内形成的休眠体，通常呈圆形或椭圆形。细菌能否形成芽孢以及芽孢的形状、在芽孢囊内的位置，芽孢囊是否膨大等特征是鉴定细菌的依据之一。芽孢染色法是利用细菌的芽孢和菌体对染料亲和力不同的原理，用不同染料进行着色，使芽孢和菌体呈不同的颜色而便于区别。细菌的芽孢具有厚而致密的壁，透性低，着色、脱色均较困难，因此，当先用弱碱性染料，如孔雀绿（malachite green）或碱性品红（basic fuchsin）在加热条件下进行染色时，此染料不仅可以进入菌体，而且也可以进入芽孢。进入菌体的染料可经水洗脱色，而进入芽孢的染料则难以透出，若再用番红或碱性复红复染或衬托溶液（如黑色素溶液）处理，则菌体和芽孢易于区分（图 2-3-2）。

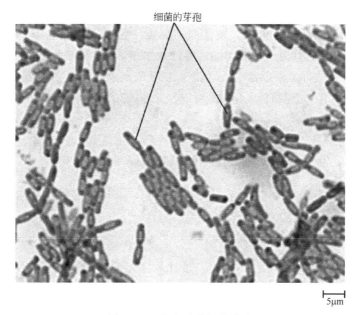

图 2-3-2　染色后的细菌芽孢

荚膜是包围在细菌细胞外面的一层黏液性物质，其主要成分是多糖类物质，与染料间的亲和力弱，不易被染色。通常采用负染色法染荚膜，即设法使菌体和背景着色而荚膜不着色，从而使荚膜在菌体周围呈一个透明圈（图 2-3-3）。

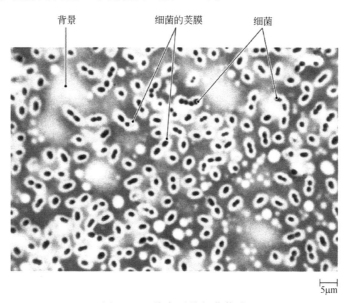

图 2-3-3　染色后的细菌荚膜

2.3.3　实验器材

① 菌种：培养 12～16h 的黏质沙雷菌（*Serratia marcescens*）、水稻黄单胞菌（*Xanthomonas oryzae*）或假单细胞菌（*Pseudomonas* sp.）斜面菌种；培养 24～36h 的枯草芽孢杆菌（*Bacillus subtilis*）、蜡状芽孢杆菌（*Bacillus cereus*）或生孢梭菌（*Clostridium sporogenes*）、苏云金杆菌（*Bacillus thuringiensis*）；培养 3～5d 的普通变形菌（*Proteus vulgaris*）、胶质芽孢杆菌（*Bacillus mucilaginosus*）或圆褐固氮菌（*Azotobacter chroococcum*）。

② 溶液及试剂：硝酸银染色液、改良的利夫森（Leifson）染色液、5％孔雀绿水溶液（或碱性品红）、0.05％碱性复红（或 0.5％番红水溶液）、石炭酸复红染色液、黑色素（或墨汁）、甲基紫染液、Tyler 染色液、香柏油、二甲苯、单宁酸、氯化铁、40％甲醛、氢氧化钠、氨水、无菌水、6％葡萄糖水溶液、甲醇、20％ CuSO₄ 水溶液、95％乙醇。（染料及试剂的配制方法见附录Ⅲ。）

③ 仪器及其他用具：显微镜、酒精灯、接种环、载玻片、盖玻片、擦镜纸、吸水纸、记号笔、玻片搁架、镊子、滴管、染色缸、小试管、烧杯、试管夹等。

2.3.4　实验方法

2.3.4.1　鞭毛染色

（1）硝酸银染色法

① 清洗玻片

选择光滑无裂痕的玻片，最好选用新的。为了避免玻片相互重叠，应将玻片插在专用金属架上，然后将玻片置于洗衣粉过滤液中（洗衣粉煮沸后用滤纸过滤，以除去粗颗粒），煮沸 20min。取出稍加冷却后用自来水冲洗、晾干，再放入浓洗液中浸泡 5～6d，使用前取出玻片，用自来水冲去残酸，再用蒸馏水冲洗。将水沥干后，放入 95％乙醇中脱水。用时取出在火焰上烧去乙醇及可能残留的油迹。玻片要求光滑、洁净，尤其忌用带油迹的玻片。

② 菌液的制备及制片

良好的培养物是鞭毛染色成功的基本条件，不宜用已形成芽孢或衰亡期培养物作鞭毛染色的菌种材料，因为老龄细菌鞭毛容易脱落。所以在染色前应将待染细菌在新配制的牛肉膏蛋白胨培养基斜面上连续移接 3～5 代，以增强细菌的运动力。最后一代菌种放入 28～32℃恒温箱中培养 12～16h。然后，用接种环挑取斜面与冷凝水交接处的菌液数环，移至盛有 1～2mL 无菌水的试管中，使菌液呈轻度混浊。注意要轻放并轻轻摇动，将该试管放在 37℃恒温箱中静置 10min（放置时间不宜太长，否则鞭毛会脱落），让幼龄菌的鞭毛松展开。然后，吸取少量菌悬液滴在洁净玻片的一端，立即将玻片倾斜，使菌悬液缓慢地流向另一端，用吸水纸吸去多余的菌液。将涂片放空气中自然干燥。干后应尽快染色，不宜放置过长时间。

用于鞭毛染色的菌体也可用半固体培养基培养。方法是将 0.4％的琼脂肉膏培养基熔化后倒入无菌平皿中，待凝固后在平板中央点接活化了 3～4 代的细菌，恒温培养 12～16h 后，取扩散菌落的边缘制作涂片。

③ 染色

涂片干燥后滴加 A 液染色 3～5min；用蒸馏水洗去 A 液，将残水沥干或用 B 液冲去残水（注意：一定要充分洗净 A 液后再加 B 液，否则背景很脏）；滴加 B 液后，将玻片在酒精灯上稍加热，使其微冒蒸汽，并随时补充染料以免蒸干，一般染 30～60s，当涂面出现明显褐色时，立即用蒸馏水冲洗。待冷却后，用蒸馏水轻轻冲洗干净，自然干燥或滤纸吸干。

④ 镜检

先用低倍镜和高倍镜找到典型区域，然后用油镜观察。观察时，可从玻片的一端逐渐移至另一端，有时只在涂片的一定部位才能观察到鞭毛。菌体呈深褐色，鞭毛呈浅褐色。注意观察鞭毛着生位置。

（2）改良 Leifson 染色法

① 载玻片的准备、菌种材料的准备同硝酸银染色法。

② 制片

用记号笔在载玻片反面将玻片分成 3～4 个等分区，在每一小分区的一端放一小滴菌液。将玻片倾斜，让菌悬液流到小分区的另一端，用滤纸吸去多余的菌悬液。在空气中自然干燥。

③ 染色

加 Leifson 染色液于第一区，使染料覆盖涂片。隔数分钟后再将染料加入第二区，依此类推（相隔时间可自行决定），其目的是确定最合适的染色时间，而且节约材料。在染色过程中仔细观察，当整个玻片都出现铁锈色沉淀、染料表面出现金色膜时，即直接用水轻轻冲洗（不要先倾去染料再冲洗，否则会增加背景的沉淀）。染色时间大约 10min，自然干燥。

④ 镜检

先用低倍镜观察，再用高倍镜观察，最后再用油镜观察。观察时要多找一些视野，通常很难在 1～2 个视野中就能看到细菌的鞭毛。显微镜下的菌体和鞭毛均染成红色。

细菌鞭毛染色要求非常小心细致，染色成功的关键主要取决于：

a.菌种活化的情况，即要连续移接几次；

b.菌龄要合适，一般在幼龄时鞭毛情况最好，易于染色；

c.新鲜的染色液；

d.载玻片要求干净无油污。

2.3.4.2　芽孢染色

（1）改良的 Schaeffer 和 Fulton 氏染色法

① 接种

取两支洁净的小试管，分别加入 1～2 滴无菌水，再往一管中加入 1～2 接种环的蜡状芽孢杆菌的菌苔，另一管中加入 1～2 接种环的枯草芽孢杆的菌苔，两管各自充分混合成浓稠的菌悬液。

② 染色

在菌悬液中分别加入 2～3 滴 5%孔雀绿水溶液，用接种环搅拌使染料与菌液充分混合。

③ 加热

将此试管浸于沸水浴中，加热 5～10min。

④ 涂片

用接种环从试管底部挑数环菌悬液于洁净的载玻片上，涂薄，晾干。

⑤ 固定

将涂片通过酒精灯火焰 3 次进行固定。

⑥ 脱色

用水冲洗直至流出的水中无孔雀绿颜色为止。

⑦ 复染

加 0.05％碱性复红（或 0.5％番红水溶液）染色 2～3min 后，倾去染色液，不用水洗，直接用吸水纸吸干。

⑧ 镜检

先低倍镜观察，再高倍镜观察，最后用油镜观察。芽孢呈绿色，菌体为红色。

（2）Schaeffer 与 Fulton 氏染色法

① 涂片

将培养 24～36h 的枯草芽孢杆菌或其他芽孢杆菌制成涂片。

② 晾干固定

待涂片晾干后在酒精灯火焰上通过 2～3 次进行固定。

③ 染色

滴加 3～5 滴 5％孔雀绿水溶液于涂片处（染料以铺满涂片为度）。

④ 固定

用试管夹夹住载玻片在火焰上用微火加热，使染液冒蒸汽但勿沸腾，加热过程中要随时添加染色液，切勿让标本干涸。加热时间从染液冒蒸汽时开始计算约 4～5min。这一步也可不加热，改用饱和的孔雀绿水溶液（约 7.6％）染色 10min。

⑤ 水洗

待玻片冷却后，用水轻轻地冲洗，直至流出的水中无染色液为止。

⑥ 复染

用 0.05％碱性复红（或 0.5％番红水溶液）复染 1～2min，水洗、晾干或吸干。

⑦ 镜检

先低倍镜观察，再高倍镜观察，最后在油镜下观察芽孢和菌体的形态。芽孢呈绿色，芽孢囊和菌体为红色。

2.3.4.3 荚膜染色

推荐以下四种染色法，其中以湿墨汁方法较为简便，并且适用于各种有荚膜的细菌。如用相差显微镜观察则效果更佳。

（1）负染色法（石炭酸复红染色）

① 制片

取洁净的载玻片一块，加无菌水一滴，取少量菌体放入水滴中混匀并涂布。

② 干燥

将涂片放在空气中晾干或用电吹风机的冷风吹干。

③ 固定

滴入 1～2 滴 95％乙醇固定（不可加热固定）。

④ 染色

加石炭酸复红染液染色 2～3min。

⑤ 水洗

用水洗去石炭酸复红染液。

⑥ 干燥

将染色片放在空气中晾干或用电吹风机的冷风吹干。

⑦ 涂黑色素

在载玻片一端加一滴黑色素水溶液，用边缘光滑的载玻片轻轻接触黑色素，使黑色素沿玻片边缘散开，然后再匀速推向另一端，使黑色素在染色涂面上成为薄层，并迅速风干。

⑧ 镜检

先低倍镜观察，再高倍镜、油镜观察。背景黑灰色，菌体红色，荚膜无色透明。

（2）湿墨汁法

① 制菌液

加 1 滴墨汁染色液于洁净的载玻片上，并挑取少量菌体与其充分混合。

② 加盖玻片

将一块清洁盖玻片盖在混合液上，然后在盖玻片上放一张滤纸，向下轻压，吸去多余的菌液。

③ 镜检

干燥后先用低倍镜观察，再用高倍镜、油镜观察，若用相差显微镜观察，效果更好。背景灰色，菌体较暗，在菌体周围呈现一个明亮的透明圈即为荚膜。

（3）干墨汁法

① 制菌液

在载玻片一端加 1 滴 6％葡萄糖水溶液，取少许胶质芽孢杆菌与其充分混合，再加 1 滴新配好的黑色素水溶液（也可用墨汁染色液）与菌悬液充分混匀。

② 制片

另取一块载玻片作为推片，将推片一端平整的边缘与菌悬液以 30°角接触，使菌液沿玻片接触处散开，然后以 30°角，迅速而均匀地将菌液拉向玻片的一端，使菌液铺成均匀的一层。

③ 干燥

空气中自然干燥。

④ 固定

用甲醇浸没涂片，固定 1 min，立即倾去甲醇。

⑤ 干燥

空气中自然干燥，不可加热干燥。

⑥ 染色

用甲基紫染液染 1～2min。

⑦ 水洗

用自来水轻洗，自然干燥。

⑧ 镜检

先用低倍镜观察，再高倍镜、油镜观察。背景黑灰色，菌体紫色，荚膜呈一个清晰的透明圈。

（4）Tyler 法

① 涂片

按常规法涂片，可多挑些菌体与水充分混合，并将黏稠的菌悬液尽量涂开，但涂布的面积不宜过大。

② 干燥

在空气中自然干燥，不可加热干燥固定。

③ 染色

用 Tyler 染色液染 5～7min。

④ 脱色

用 20% $CuSO_4$ 水溶液洗去结晶紫，脱色要适度（冲洗 2 遍）。用吸水纸吸干，并立即加 1～2 滴香柏油于涂片处，以防止 $CuSO_4$ 结晶的形成。

⑤ 镜检

先用低倍镜观察，再用高倍镜、油镜观察。背景蓝紫色，菌体紫色，荚膜无色或浅紫色。

观察完毕后用二甲苯擦去镜头上的香柏油。

2.3.5　注意事项

① 细菌鞭毛极细，很容易脱落，在整个操作过程中，必须仔细小心，以防鞭毛脱落。

② 硝酸银鞭毛染色液必须每次现配现用，不能存放，染色时一定要充分洗净 A 液后再加 B 液，否则背景不清晰。

③ Leifson 染色液需经 15～20 次过滤，要掌握好染色条件必须经过一些摸索。

④ 用改良法染芽孢时，欲得到好的涂片，首先要制备浓稠的菌悬液，其次是从小试管中取要染色的菌悬液时，应先用接种环充分搅拌，然后再挑取菌悬液，否则菌体沉于管底，涂片时菌体太少。

⑤ 供芽孢染色用的菌种应控制菌龄，使大部分芽孢仍保留在菌体细胞中为宜。

⑥ 加热染色时必须维持在染液冒蒸汽的状态，加热沸腾会导致菌体或芽孢囊破裂，加热不够则芽孢难以着色。

⑦ 荚膜染色涂片不要用加热固定，以免荚膜皱缩变形。

⑧ 在采用 Tyler 法染色时，标本经染色后不可用水洗，必须用 20% $CuSO_4$ 水溶液冲洗。

2.3.6　实验报告

① 绘出所观察到的细菌鞭毛的着生情况。
② 绘图表示观察到的两种芽孢杆菌的芽孢的形状、大小、着生位置。
③ 绘图说明圆褐固氮菌菌体及荚膜的形状。

2.3.7　思考题

① 用于鞭毛染色的菌种为什么要先连续传几代，并且要采用幼龄菌种？
② 根据你的实验体会，哪些因素影响鞭毛染色的效果？如何控制？
③ 为什么芽孢染色要加热？为什么芽孢及营养细胞能染成不同的颜色？
④ 为什么在孔雀绿染色液加热染色中，要待玻片冷却后才能用水冲洗？
⑤ 为什么在荚膜染色中一般不用热固定，而用甲醇进行固定？
⑥ 为什么要用 20% $CuSO_4$ 水溶液洗去结晶紫而不能用水？

2.4　放线菌的形态和结构观察

2.4.1　实验目的

① 学习并掌握观察放线菌形态的基本方法；
② 初步了解放线菌的形态特征；
③ 辨认放线菌的营养菌丝、气生菌丝、孢子丝及孢子的形态。

2.4.2　实验原理

放线菌是指能形成分枝丝状体或菌丝体的一类单细胞原核微生物，广泛分布于含水量低、有机质丰富的微碱性土壤中。放线菌的菌落形态特征为：干燥、不透明、表面呈致密丝绒状，上有一层彩色"干粉"。菌落与培养基连接紧密，难以挑取，菌落正反面颜色不一致，在菌落边缘的琼脂平板上有变形的现象，有泥土腥味。常见的放线菌大多能形成菌丝体，紧贴培养基表面或深入培养基内生长的叫营养菌丝（或称基内菌丝），生长在培养基表面的叫气生菌丝。有些放线菌只产生基内菌丝而无气生菌丝；有些气生菌丝分化成各种孢子丝，呈螺旋形、波浪形或分枝状等。孢子常呈圆形、椭圆形或杆状。气生菌丝及孢子的形状和颜色常作为分类的重要依据。

和细菌的单染色一样，放线菌也可用石炭酸复红或吕氏碱性美蓝等染料着色后，在显微镜下观察其形态。玻璃纸具有半透膜特性，其透光性与载玻片基本相同，使放线菌生长在玻璃纸琼脂平皿上，然后将长菌的玻璃纸剪取一小片，贴放在载玻片上，用显微镜即可观察到放线菌自然生长的个体形态。通过插片法和印片法还可以观察到放线菌营养菌丝及气生菌丝的特征、孢子丝的形态、孢子的排列方式及其形状。

2.4.3　实验器材

① 菌种：细黄链霉菌（*Streptomyces microflavus*）、灰色链霉菌（*Streptomyces griseus*）、弗氏链霉菌（*Streptomyces* fradiae）、棘孢小单孢菌（*Micromonospora echinospora*）。
② 培养基：灭菌的高氏1号琼脂培养基。（培养基的配制方法见附录Ⅱ。）
③ 溶液及试剂：石炭酸复红染液、0.1%吕氏碱性美蓝染液、乙醇溶液、加拿大树胶等。（各种染料的配制方法见附录Ⅲ。）
④ 仪器及其他用具：显微镜、载玻片、盖玻片、酒精灯、火柴、锥形瓶、培养皿、涂棒、接种铲、小刀、镊子、玻璃纸、移液枪、打孔器、恒温培养箱。

2.4.4　实验方法

2.4.4.1　放线菌自然生长状态的观察（玻璃纸法）

① 将玻璃纸剪成比培养皿直径略小的片状，将滤纸剪成培养皿大小的圆形纸片并稍润湿，然后把滤纸和玻璃纸交互重叠地放在培养皿中，借滤纸将玻璃纸隔开。高压灭菌后备用。

② 将灭菌后的高氏 1 号琼脂培养基倒入培养皿，每皿倒入 15mL 左右，凝固后备用。

③ 用经火焰灭过菌的小镊子，将灭菌过的玻璃纸平铺在平皿培养基表面。铺玻璃纸时可用无菌涂布器将玻璃纸与培养基之间的气泡除去。

④ 将 3~5mL 无菌水倒入链霉菌的斜面培养物中，制成菌悬液，再适当稀释。

⑤ 用移液枪取 0.2mL 孢子悬液的稀释液，接种在玻璃纸上，并用无菌玻璃棒涂匀后，置于 28℃恒温培养箱中培养，直到放线菌在玻璃纸上生长形成菌苔，备用。

⑥ 在洁净的载玻片上滴一小滴无菌水，稍涂布。用镊子将玻璃纸与培养基分开，再用剪刀剪取一小片长有放线菌的玻璃纸，移至载玻片上，并使有菌面向上。在玻璃纸与载玻片间不能有气泡，以免影响观察。

⑦ 将载玻片置于显微镜下观察，先用低倍镜观察菌的立体生长状况，再用高倍镜仔细观察。这种方法既能保持放线菌的自然生长，也便于观察放线菌不同生长期的形态特征。

注意区分细黄链霉菌的基内菌丝、气生菌丝及弯曲状或螺旋状的孢子丝。观察棘孢小单孢菌时注意把视野亮度调暗，其基内菌丝纤细发亮，单个分生孢子发暗，直接生长在基内菌丝长出的小梗上。

2.4.4.2 营养菌丝的观察

① 用接种铲或解剖刀将平板上的细黄链霉菌菌苔连同培养基切下一小块，菌面朝上置于载玻片中央（图 2-4-1）。

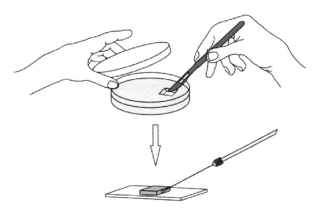

图 2-4-1 营养菌丝样品制备

② 另取一洁净载玻片置火焰上微热后，盖在菌苔上，轻轻按压，使培养物黏附在后一块载玻片中央。

③ 将后一块载玻片有印迹的一面朝上，通过火焰 2~3 次固定。

④ 用吕氏碱性美蓝染液或石炭酸复红染液染 0.5~1min，水洗。

⑤ 干燥后，用油镜观察营养菌丝的形态（图 2-4-2）。

2.4.4.3 气生菌丝与营养菌丝的比较观察（插片法）

① 将高氏 1 号培养基倒入无菌培养皿，制成厚度为 4mm 左右的琼脂培养基平板（约 20mL），经培养后，确认无污染，备用。

② 将细黄链霉菌的孢子悬液（浓度以稀释 10^{-3}~10^{-2} 为好），划线接种在平皿培养基上（划线要密集），并用记号笔在培养皿盖上做一下标记，记录划线方向。然后写好标签，标明接种的菌名。

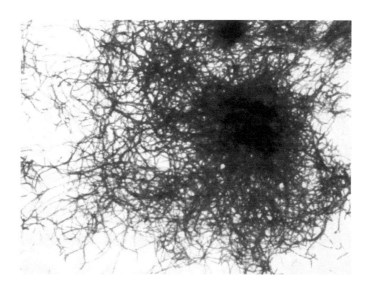

图 2-4-2　营养菌丝的形态

③ 用经火焰灭菌的镊子夹取盖玻片，沿垂直划线方向插入琼脂培养基内，使盖玻片和培养基表面夹角约为 45°，插入深度约占盖玻片长度的 1/2（图 2-4-3）。每一个培养皿中插入三个盖玻片，零散分布。

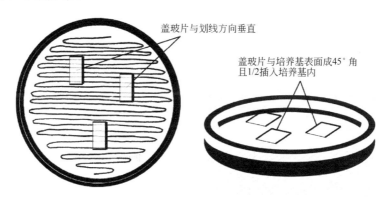

盖玻片与划线方向垂直

盖玻片与培养基表面成45°角
且1/2插入培养基内

图 2-4-3　固体培养基上的插片方法

④ 倒置于 28℃恒温培养箱培养 4～5d，使放线菌菌丝沿着培养基表面与盖玻片的交接处生长而附着在盖玻片上。然后用镊子小心将盖玻片取出，将其背面附着的菌丝体擦净。将长有菌的一面朝上，放在载玻片上，置于低倍镜下观察。这种方法可观察到放线菌自然生长状态下的特征，而且便于观察不同生长期的形态。也可将长有菌的一面朝下，放在滴有吕氏碱性美蓝染色液的载玻片上，使菌浸在染色液中，制成水封片，置于高倍镜下观察。

找出 3 类菌丝及其分生孢子，并绘图。注意放线菌的基内菌丝与气生菌丝的粗细和色泽差异（一般情况是气生菌丝颜色较深，并比营养菌丝粗两倍左右）。

2.4.4.4　孢子丝及孢子的观察（印片法）

① 将培养 3～4d 的细黄链霉菌的培养皿打开，放在显微镜低倍镜下寻找菌落的边缘，

直接观察气生菌丝和孢子丝的形态，注意分枝情况、卷曲情况等。

② 用镊子取一洁净盖玻片并微微加热，并用这枚微热的盖玻片盖在长有菌落的平皿上轻轻按压一下，然后将印有痕迹的一面朝下放在滴有一滴吕氏碱性美蓝染液的载玻片上，将孢子等印浸在染液中，制成印片。用油镜观察孢子的形态和孢子丝等。这种方法主要用于观察孢子丝的形态、孢子的排列及其形状等。

③ 取干净载玻片一块，在玻片中央加一小滴加拿大树胶，使树胶摊成一薄层，放置数分钟，使其略微晾干（但不要过分干燥）。然后用解剖刀切取细黄链霉菌培养体一块（带培养基切下）。将培养体表面贴在涂有树胶的玻片上，用另一载玻片轻轻按压（不要压碎），注意不要使培养体在玻片上滑动，否则印痕模糊不清。将制好的印片通过火焰固定，用石炭酸复红染色1min，水洗，晾干（不能用吸水纸吸干）。用油镜观察孢子丝的形态及孢子排列情况。

2.4.5 注意事项

① 放线菌的生长速度较慢，培养期较长，在操作中应特别注意无菌操作，严防杂菌污染。

② 进行放线菌制片时，要减少空气流动，避免自己吸入孢子。

③ 玻璃纸法培养接种时注意玻璃纸与平板琼脂培养基间不宜有气泡，以免影响其表面放线菌的生长。

④ 用解剖针挑菌和制片时要细心，尽可能保持放线菌自然生长状态，加盖玻片时勿压入气泡，以免影响观察。

⑤ 倒平板的操作中，要使平板厚一些，便于插片。

⑥ 平板划线后，可以用记号笔稍做标记，记录划线方向，以免把盖玻片插入所划线的空隙中而导致实验失败。

⑦ 镊子在使用前，要先浸泡在乙醇溶液中，然后取出在火焰上灼烧。在酒精灯上不要灼烧太久，以免烫手。

⑧ 用镊子夹取盖玻片要小心，不要用力过大，把盖玻片夹碎。

⑨ 可以拿消毒并灼烧好的镊子在平板上轻轻划一条短线，便于插入盖玻片。

⑩ 盖玻片要倾斜大约45°角并与划线方向垂直插入培养基中。

⑪ 盖玻片可以随意平行分布在培养基中，不要插在同一条线上，可以有前后或左右的位置变化。

⑫ 在插片法观察菌丝的实验中，注意在移动附着有菌体的盖玻片时切勿碰到菌丝体，必须有菌一面朝上，以免破坏菌体丝形态。

⑬ 取出插片后，要将培养放线菌的平皿及时盖上盖子，以免造成污染。

⑭ 观察时，宜用略暗光线，先用低倍镜找到适当视野，再更换高倍镜观察。

⑮ 使用过的玻璃器皿要在121℃高压灭菌20min后，才能洗净、烘干，供下次使用。

2.4.6 实验报告

① 绘图说明你所观察到的放线菌的形态特征。

② 仔细观察放线菌的菌落形态和显微形态差异并把观察结果记录在实验报告上，画出

菌体形态图。

2.4.7 思考题

① 用玻璃纸覆盖在培养基上,能否培养细菌,为什么?你认为此方法在研究微生物方面可能有些什么用途?

② 玻璃纸覆盖法培养和观察放线菌有何优点?试用此法设计一个观察青霉菌形态的实验。

③ 观察放线菌培养特征时从哪些方面进行观察?

④ 在高倍镜或油镜下如何区分放线菌的基内菌丝和气生菌丝?

2.5 霉菌形态、结构及菌落特征的观察

2.5.1 实验目的

① 学习并掌握观察霉菌形态的基本方法;

② 了解四类常见霉菌的基本形态特征;

③ 掌握青霉、曲霉的载玻片湿室培养法,以便更好地观察其个体形态;

④ 观察霉菌的无性孢子和有性孢子。

2.5.2 实验原理

霉菌菌丝直径一般比细菌和放线菌菌丝大几倍到十几倍,在低倍镜下即可清晰观察到有隔或无隔菌丝、孢子及巨大的孢子囊。霉菌的菌落形态较大,质地疏松,外观干燥,不透明,菌落与培养基间连接紧密,不易挑取,菌落正反面、边缘与中心的颜色、构造通常不一致,有霉味。霉菌在固体培养基上生长其菌落呈棉絮状(毛霉)、蜘蛛网状(根霉)、绒毛状(曲霉)和地毯状(青霉)。霉菌的菌丝体由基内菌丝与气生菌丝组成。气生菌丝生长到一定阶段分化产生繁殖菌丝,由繁殖菌丝产生孢子。霉菌菌丝体(尤其是繁殖菌丝)、孢子的形态特征及菌落形态特征是其分类、鉴定的重要依据。

在显微镜下见到的菌丝呈管状,有的没有横隔(如毛霉、根霉),有的有横隔将菌丝分割为多个细胞(如青霉、曲霉)。菌丝可分化出多种特化结构,如假根、足细胞等。观察时要注意菌丝的粗细、隔膜、特殊形态,以及无性孢子或有性孢子种类和着生方式,这些是鉴别霉菌的重要依据。

2.5.3 实验器材

① 菌种:产黄青霉(*Penicillium chrysogenum*)、黑曲霉(*Aspergillus niger*)、总状毛霉(*Mucor racemosus*)、黑根霉(*Rhizopus nigricans*)。

② 培养基:马铃薯葡萄糖琼脂(PDA)培养基、察氏培养基。(培养基的配制方法见附录Ⅱ。)

③ 溶液及试剂：乳酸石炭酸棉蓝染色液、20%甘油、50%乙醇、无菌生理盐水、蒸馏水、中性树胶、香柏油、二甲苯。（染料配制方法见附录Ⅲ。）

④ 仪器及其他用具：显微镜、擦镜纸、滤纸、酒精灯、火柴、培养皿、载玻片、盖玻片、接种环、接种针、解剖刀、镊子、剪刀、透明胶带、玻璃纸、移液枪、格尺、恒温培养箱、烘干箱等。

2.5.4 实验方法

2.5.4.1 直接制片观察

（1）制备培养皿

将融化的 PDA 培养基冷却至 50℃倒入无菌平皿，倒入量约为平皿高度的 1/2。

（2）接种

待培养基凝固后，用接种环蘸取根霉孢子，在平板表面划线接种。

（3）形态观察

将平皿倒置于 28℃恒温培养箱中培养 2～3d。注意观察霉菌在 PDA 琼脂培养基上的形态特征。

（4）制片

取一块洁净载玻片，在中央加一滴 50%乙醇，用接种针从霉菌菌落边缘处挑取少量已产孢子的霉菌菌丝，放在载玻片上的乙醇中，再加入乙醇和蒸馏水各一滴，重复一次，使分生孢子分散，便于观察细微结构。倾去乙醇和蒸馏水，加一滴乳酸石炭酸棉蓝染色液（防止细胞变形和干燥，便于长时间观察），盖上盖玻片（注意不要产生气泡，以免影响观察）。

（5）镜检

先从低倍镜下找到标本，将观察目标移至视野中央，然后依次换成高倍镜，观察根霉的孢子囊梗、孢子囊、假根和匍匐枝等，用高倍镜观察根霉的孢囊孢子的形状、大小。

本实验也可采用粘片的方法进行观察，即取一滴乳酸石炭酸棉蓝染色液置于载玻片中央，取一段透明胶带，打开霉菌平板培养物，粘取菌体，粘取面朝下，放在染液上，镜检。

2.5.4.2 载玻片湿室培养法观察

（1）准备湿室

将略小于培养皿底内径的滤纸放入皿内，再放上一个 U 形玻棒搁架，在搁架上放一洁净的载玻片，然后将两个盖玻片分别斜立在载玻片的两端，盖上皿盖。将数套（根据需要而定）同样装置的培养皿叠起，包扎好，121.3℃高压灭菌 20min 或干热灭菌，置于 60℃烘干箱中烘干备用。

（2）接种

用接种环挑取少量待观察的霉菌孢子，至湿室内的载玻片上，每张载玻片可接种两处同一菌种的孢子。接种时只要将带菌的接种环在载玻片上轻轻碰几下即可（务必记住接种的位置）。

（3）加培养基

用无菌细口滴管或移液枪吸取少量约 60℃的培养基，滴加到载玻片的接种处。培养基应滴得圆而薄，其直径约为 0.5cm（滴加量一般以 1/2 小滴为宜）。

（4）加盖玻片

在培养基未彻底凝固前，用无菌镊子将立在载玻片旁的盖玻片盖在琼脂薄层上，并用镊子轻压，使盖玻片与载玻片间留有极小缝隙，但不能紧贴载玻片，否则不透气。

（5）倒保湿剂

在培养皿的滤纸上加 $3\sim5$mL 20% 的无菌甘油，使皿内的滤纸完全润湿，以保持皿内湿度，皿盖上注明菌名、组别和接种日期。将培养皿置于 $28℃$ 恒温培养箱内培养。

（6）镜检

根据需要可以在不同的培养时间内，将小室内的载玻片取出，直接用低倍镜和高倍镜观察。

从培养 $16\sim20$h 开始，通过连续观察，可了解孢子的萌发、菌丝体的生长分化及子实体的形成过程。重点观察菌丝是否分隔，曲霉和青霉的分生孢子形成特点，曲霉的足细胞，根霉与毛霉的孢子囊和孢囊孢子。

2.5.4.3 玻璃纸透析培养法观察

（1）制备孢子悬液

向霉菌斜面试管中加入 5mL 无菌水，洗下孢子，制成孢子悬液。

（2）准备玻璃纸

将玻璃纸剪成适当大小，用水浸湿后，夹于旧报纸中，然后一起放入平皿内 $121℃$ 高压灭菌 30min 备用。

（3）培养菌种

制作察氏培养基平板，冷凝后用无菌镊子夹取无菌玻璃纸贴附于平板上。再用移液枪吸取 0.2mL 孢子悬液于上述玻璃纸平板上，并用无菌玻璃涂棒涂抹均匀，置于 $28℃$ 恒温培养箱内培养 48h。

（4）制片与镜检

取出培养皿，用镊子将玻璃纸与培养基分开，再用剪刀剪取一小片玻璃纸，先放在 50% 乙醇中浸一下，洗掉脱落下来的孢子，正面向上贴附于干净载玻片上，滴加 $1\sim2$ 滴乳酸石炭酸棉蓝染色液，盖上盖玻片（注意不要产生气泡，且不要移动盖玻片，以免破坏菌丝的自然生长状态）。

显微镜镜检时注意观察有无隔膜、假根、足细胞等特殊形态的菌丝，同时注意观察孢子的着生方式及孢子的形态、大小等。

2.5.4.4 平板插片法观察

平板培养基接种，置于 $28℃$ 恒温培养箱内培养，待菌落长出后，在平板上斜插无菌盖玻片（成 $30°\sim45°$ 角）。然后置于 $28℃$ 恒温培养箱内培养，至青霉在盖玻片一侧长出一层薄薄的菌丝体。用镊子取下盖玻片，轻轻盖在滴有乳酸石炭酸棉蓝染色液的载玻片上，镜检。

利用平板插片法可看到较为清晰的分生孢子穗、帚状分枝以及成串的分生孢子。

2.5.4.5 示范片观察

在高倍镜下观察桔青霉的菌丝有无隔膜、分生孢子梗、副枝、小梗及分生孢子的形状等（图 2-5-1 为青霉的分生孢子梗、小梗及分生孢子）；在高倍镜下观察观察黑曲霉、黄曲霉的菌丝有无隔膜，分生孢子着生位置，辨认分生孢子梗、顶囊、小梗及分生孢子（图 2-5-2 为曲霉的分生孢子梗及分生孢子，图 2-5-3 为曲霉的菌丝横隔）；用低倍镜观察黑根霉的假根、匍匐菌丝、孢囊梗、孢子囊（图 2-5-4 为根霉的假根与孢子囊）；用低倍镜观察总状毛霉的孢子囊梗、囊轴及孢囊孢子的形状和大小（图 2-5-5 为毛霉的孢子囊梗）。

图 2-5-1 青霉的分生孢子梗、小梗及分生孢子

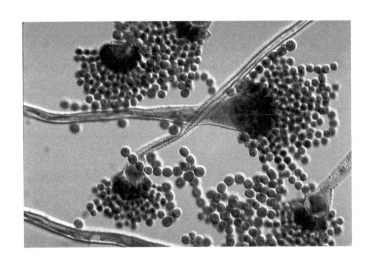

图 2-5-2 曲霉的分生孢子梗及分生孢子

2.5.5 注意事项

① 用接种针挑菌和制片时要细心，尽可能保持霉菌的自然生长状态。

② 样品制片时，载玻片与盖玻片之间宜留一定缝隙，但勿压入气泡，以免影响观察。

③ 观察霉菌样品时，宜先用低倍镜沿琼脂块边缘寻找合适的视野，然后再用高倍镜观察。

④ 使用过的玻璃器皿要在 121℃ 高压灭菌 20min 后，才能洗净、烘干，供下次使用。

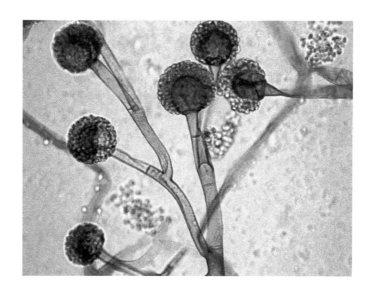

图 2-5-3　曲霉的菌丝横隔

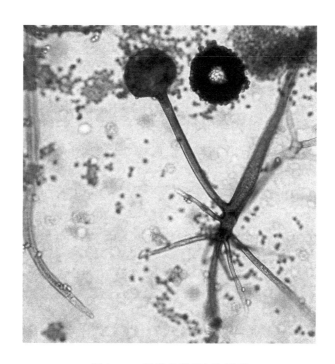

图 2-5-4　根霉的假根与孢子囊

2.5.6　实验报告

① 分别绘制青霉、曲霉、根霉、毛霉的个体形态图，并注明各部分的名称。

② 霉菌和放线菌的菌丝的主要区别是什么？

③ 列表描述你所观察到的曲霉、青霉、根霉、毛霉的菌落特征，并识别和区别它们之间的不同之处。

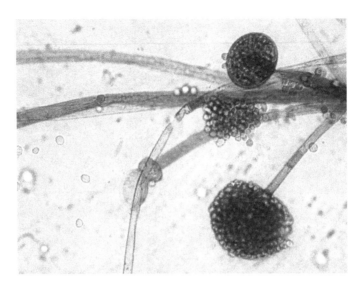

图 2-5-5 毛霉的孢子囊梗

2.5.7 思考题

① 要根据哪些形态特征来区分根霉和毛霉，青霉和曲霉？列表比较它们在形态结构上的异同。

② 什么是载玻片湿室培养？它适用于观察怎样的微生物，有何优点？

③ 载玻片湿室培养时为何用 20％甘油作保湿剂？

④ 根据载玻片培养观察方法的基本原理，你认为上述操作过程中的哪些步骤可以根据具体情况作一些改进或可用其他的方法替代？

2.6 酵母菌的形态和结构观察及死、活细胞的鉴别

2.6.1 实验目的

① 学习并掌握观察酵母菌形态结构的基本方法；

② 观察酵母菌的细胞形态及出芽生殖方式；

③ 学习掌握区分酵母菌死、活细胞的实验方法。

2.6.2 实验原理

酵母菌是一种不运动的单细胞真核微生物，一般呈卵圆形、圆形、圆柱形或柠檬形，其大小通常比常见细菌大几倍甚至十几倍。细胞内有许多分化的细胞器，细胞间隙含水量较少。酵母菌的菌落形态与细菌的菌落形态相似：菌落湿润、表面光滑，容易挑起，菌落质地均匀。与细菌不同的是酵母菌的菌落较大、较厚，菌落颜色多为乳白色或矿烛色。酿酒酵母散发酒精味。一些不产假菌丝的酵母菌其菌落更隆起、边缘极圆整；产假菌丝的其菌落较扁

平，表面和边缘较粗糙。酵母菌的繁殖方式较复杂，无性繁殖主要是出芽生殖（有些酵母菌能形成假菌丝），仅裂殖酵母属于以分裂方式繁殖；有性繁殖是通过接合产生子囊及子囊孢子。酵母菌的子囊孢子生成与否及其形状，是酵母分类上鉴定的重要依据之一。

　　本实验通过用美蓝染色制成水浸片和水-碘水浸片来观察活的酵母菌形态结构（图 2-6-1）、子囊孢子形态（图 2-6-2）及出芽生殖方式（图 2-6-3）。

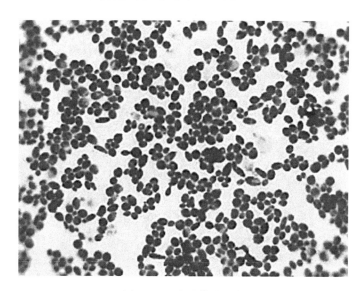

图 2-6-1　酵母菌的形态

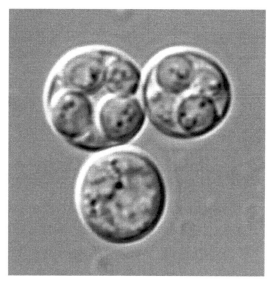

图 2-6-2　酵母菌的子囊孢子

　　美蓝是一种无毒性染料，它的氧化型呈现蓝色，而还原型无色。用美蓝对酵母的活细胞进行染色时，由于细胞的新陈代谢作用，细胞内具有较强的还原能力，能使美蓝由蓝色的氧化型转变为无色的还原型。因此，具有还原能力的酵母活细胞是无色的，而死细胞或代谢作用微弱的衰老细胞呈蓝色或淡蓝色，借此即可对酵母菌的死细胞和活细胞进行鉴别。但美蓝

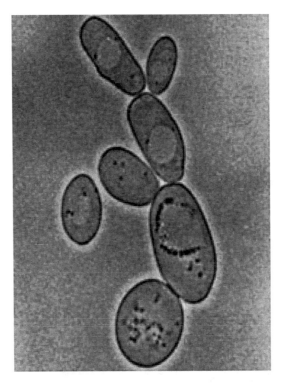

图 2-6-3　酵母菌的出芽生殖

的浓度、作用时间等对鉴别结果均有影响，应加以注意。

　　一些酵母菌只有当它生长在最适条件下，才能观察到所形成的子囊孢子，不同种属的酵母菌，形成子囊孢子的条件不同。葡萄糖-醋酸盐培养基特别有利于酿酒酵母子囊孢子的形成。采用两种染料对酵母细胞进行染色，可将子囊孢子与菌体区别开来。

2.6.3　实验器材

　　① 菌种：酿酒酵母（*Saccharomyces cerevisiae*）或卡尔酵母（*Saccharomyces carlsbergensis*），热带假丝酵母（*Candida tropicalis*）斜面菌种。

　　② 培养基：PDA 培养基、麦氏培养基（葡萄糖醋酸钠培养基）、麦芽汁琼脂斜面培养基等。（各种培养基的配制方法见附录Ⅱ。）

　　③ 溶液及试剂：0.05％美蓝染色液（以 pH 6.0 的 0.02mol/L 磷酸缓冲液配制）、碘液、5％孔雀绿、0.5％番红染液、95％乙醇、40％甲醛水溶液、石炭酸复红染液、3％酸性乙醇、0.1％吕氏碱性美蓝染液、50％乙醇、20％的甘油等。（各种染料及试剂的配制方法见附录Ⅲ、附录Ⅳ。）

　　④ 仪器及其他用具：显微镜、载玻片、盖玻片、香柏油、二甲苯、吸水纸、酒精灯、火柴、接种环、镊子、移液枪、擦镜纸等。

2.6.4　实验方法

2.6.4.1　酵母菌的活体染色观察及死亡率的测定（美蓝浸片的观察）

　　① 将酿酒酵母先移种到新鲜麦芽汁琼脂斜面培养基上，25℃培养 24h 左右。重复活化

两次后，备用。

②用无菌水洗下 PDA 培养基斜面培养的酿酒酵母菌苔，制成菌悬液。

③用接种环取一环酵母菌悬液，置载玻片中央，并取 1 滴 0.1％吕氏碱性美蓝染色液与菌悬液均匀混合，染色 2～3min，加盖玻片。加盖玻片时，先将其一边接触菌液，再轻轻放下，避免产生气泡。先用低倍镜观察，然后用高倍镜观察酵母的形态和出芽情况，并根据颜色来区别死、活细胞。死细胞呈蓝色，活细胞无色。

④染色约 30min 后，再次进行观察，注意死细胞数量是否增加。

⑤在一个视野里计数死细胞和活细胞，共计数 5～6 个视野。酵母菌死亡率一般用百分数来表示，可通过下式计算：

$$死亡率(％)＝死细胞总数/细胞总数$$

2.6.4.2　酵母菌子囊孢子的观察

①活化酿酒酵母：将酿酒酵母接种至新鲜的麦芽汁琼脂斜面培养基上，置于 28℃恒温培养箱培养 2～3d，然后再移植 2～3 次，备用。

②转接产孢培养：将活化的酿酒酵母转接至葡萄糖-醋酸钠培养基上，置于 30℃恒温培养箱培养 14d。

③染色：挑取少许产孢菌苔于载玻片的水滴上，经涂片、热固定后，用两种方法进行染色。一种方法是加石炭酸复红染液于固定涂片处，在火焰上加热 5～10min（不能沸腾），用酸性乙醇冲洗 30～60s，再用水洗去乙醇，加 0.1％吕氏碱性美蓝染液数滴，数秒钟后用水洗去，风干。另一种方法是加数滴孔雀绿染液（无须加热），染色 1min 后水洗，加 95％乙醇静置30s，再水洗，最后用 0.5％番红染液复染 30s，水洗去染色液，最后用吸水纸吸干。

④观察：干燥后，用油镜观察。前一种染色方法的结果是孢子为赤色，菌体为青色；后一种方法的染色结果是子囊孢子呈绿色，菌体和子囊为粉红色。注意观察子囊孢子的数目、形状和子囊的形成率。

⑤计算子囊形成率：计数时随机取 3 个视野，分别计数形成子囊的细胞总数和未形成子囊的细胞总数，然后按下列公式计算：

$$子囊形成率＝3 个视野中形成子囊的细胞总数/3 个视野中(形成子囊的细胞总数＋$$
$$未形成子囊的细胞总数)$$

2.6.4.3　酵母菌假菌丝的观察

取一无菌载玻片浸于熔化的 PDA 培养基中，取出放在湿室培养的支架上，待培养基凝固后，进行酵母菌划线接种，然后将无菌盖玻片盖在接种线上，28℃培养 2～3d 后，取出载玻片，擦去载玻片下面的培养基，在显微镜下直接观察。可见到芽殖酵母形成的藕节状假菌丝，裂殖酵母则形成竹节状假菌丝。

2.6.5　注意事项

①活化酵母菌的麦芽汁琼脂斜面培养基要新鲜、表面要湿润。

②产孢培养基上加大接种量，可提高子囊形成率。

③微加热可增加酵母的死亡率，易于观察死亡细胞。

④取菌量不宜太多，否则会影响观察。

⑤观察酵母菌个体时，应注意细胞形态。对于无性繁殖（芽殖或裂殖），应关注芽体在母体细胞上的位置、有无假菌丝等特征；对于有性繁殖，应关注所形成的子囊与子囊孢子的

形态和数目。

2.6.6 实验报告

① 记录并计数酵母菌的死亡率及子囊形成率。
② 绘图说明你所观察到的酵母菌的形态特征。
③ 说明观察到的吕氏碱性美蓝染液浓度和作用时间对死活细胞数的影响。
④ 绘出酵母菌子囊孢子形态图。

2.6.7 思考题

① 酵母生成的菌丝为什么叫假菌丝？与霉菌的真菌丝有何区别？
② 如何区别营养细胞与其释放出的子囊孢子？
③ 设计一个从子囊中分离子囊孢子的试验方案。
④ 吕氏碱性美蓝染液浓度和作用时间对酵母菌死细胞数量有何影响？试分析其原因。
⑤ 显微镜下，酵母菌有哪些突出的形态、结构特征区别于一般细菌？
⑥ 在显微镜下，细菌、放线菌、酵母菌和霉菌的主要区别是什么？

2.7 活性污泥的样品制备及电子显微镜观察

2.7.1 实验目的

① 了解电子显微镜的工作原理；
② 学习并掌握扫描电子显微镜生物样品制备的基本过程；
③ 观察活性污泥中丝状菌的形态。

2.7.2 电子显微镜的结构与光学原理

(1) 电子显微镜的结构

电子显微镜由镜筒、真空系统和电源柜三部分组成。镜筒主要有电子枪、电子透镜、样品架、荧光屏和照相机等部件，这些部件通常是自上而下地装配成一个柱体；真空系统由机械真空泵、扩散泵和真空阀门等构成，并通过抽气管道与镜筒相连接；电源柜由高压发生器、励磁电流稳流器和各种调节控制单元组成。

(2) 电子显微镜的分辨力和放大率

电子显微镜是利用电子流代替光学显微镜的光束使物体放大成像并由此得名的。发射电子流的电子源部分称为电子枪（electron gun）。电子枪由发射电子的“V”形钨丝及阳极板组成，在高真空中，钨丝被加热到白炽程度，其尖端便发射出电子，发射出来的电子受到阳极很高的正电压的吸引，使电子得到很大的加速度而到达样品。电压越高，电子流速度越快，波长越短，其分辨能力也越强。一般用 $50\sim100kV$ 电压时，电子波长在 $0.54\sim0.37nm$，因此电子显微镜的分辨力极高，可达 $0.2nm$ 左右，约为光学显微镜的 1000 倍。

在电子流的通路上不能有游离的气体分子存在，否则由于气体分子与电子的碰撞而造成电子的偏转，物像散乱不清。因此，电子显微镜除需要高电压外，还需要高真空的装置。

电子显微镜的放大率是由透镜决定的，在电子显微镜中，透镜由看不见的电磁场构成，称为电磁透镜（electromagnetic lens）。由电子枪发射出的电子流可以通过电磁透镜的磁场吸引发生偏折而放大物体，这与光学显微镜的光线通过玻璃透镜发生折射而放大物体的情况一样，但它不同于光学显微镜的是：可利用多个电磁透镜的组合而得到逐级放大的电子像。所以现代电子显微镜的成像系统由多个电磁透镜组成。而光学显微镜由于玻璃透镜本身存在有相差的缺陷，其放大率不能通过增加透镜的数目来无止境地提高。

此外，通过改变这些电磁透镜的磁场强度也可提高放大率。磁场越强，焦距越短，放大倍数也就越大。所以现代电子显微镜的成像物镜大多数采用短焦距的强磁透镜，放大倍数可达一百万倍以上。

（3）电子显微镜的成像原理

电子显微镜是根据电子光学原理，用电子束和电子透镜代替光束和光学透镜，使物质的细微结构在非常高的放大倍数下成像的仪器。

任何一个物体都是由原子组成的，原子则由原子核与轨道电子组成。当电子束照射到样品时，一部分电子能从原子与原子之间的空隙中穿透过去，其余的电子有一部分会与原子核或原子的轨道电子发生碰撞被散射开来，一部分电子从样品表面被反射出来，还有一些电子是被样品吸收以后，样品激化而又从样品本身反射出来。如果把所有这些不同类型的电子收集起来，使它们成像，便可以构成不同类型的电子显微镜。常用的电子显微镜有透射电子显微镜（transmission electron microscope）与扫描电子显微镜（scanning electron microscope）。光学显微镜、透射电子显微镜以及扫描电子显微镜的工作原理如图 2-7-1 所示，成像比较如图 2-7-2 所示。本实验只着重介绍扫描电子显微镜。

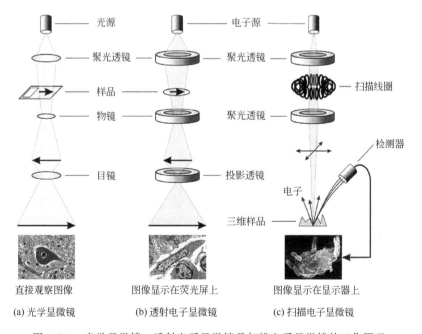

直接观察图像　　　　图像显示在荧光屏上　　　图像显示在显示器上

(a) 光学显微镜　　　(b) 透射电子显微镜　　　(c) 扫描电子显微镜

图 2-7-1　光学显微镜、透射电子显微镜及扫描电子显微镜的工作原理

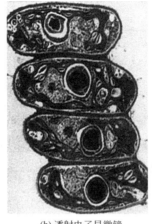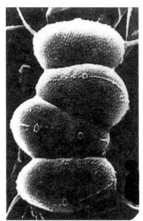

(a) 光学显微镜　　　　　(b) 透射电子显微镜　　　　　(c) 扫描电子显微镜

图 2-7-2　光学显微镜、透射电子显微镜及扫描电子显微镜下的栅列藻图像

扫描电子显微镜是把从样品表面反射出来的电子收集起来并使它们成像，所以又称反射电子显微镜。扫描电子显微镜的成像原理与电视或电传真照片的原理相似，由电子枪产生的电子束经过静电透镜和电磁透镜的作用，形成一个很细的电子束，以光栅状扫描方式照射到被分析试样的表面上，然后把从样品表面发射出来的各种电子（二次电子、反射电子等）用探测器收集起来，并转变为电流信号，经放大后再送到显像管转变成图像。

扫描电子显微镜主要用来观察样品的表面结构，分辨力可达 10nm，放大范围很广，可从 20 倍到 300000 倍。透射电子显微镜的分辨力虽然很高，但是一般只能观察切成薄片后的二维图像，扫描电子显微镜能够直接观察样品表面的立体结构，并且具有明显的真实感。而且许多电子无法透过的较厚样品，只能用扫描电子显微镜才能看到。

扫描电子显微镜样品的制备，必须满足以下要求：①保持完好的组织和细胞形态；②充分暴露待观察的部位；③良好的导电性和较高的二次电子产额；④保持充分干燥的状态。

某些含水量低且不易变形的生物材料，可以不经固定和干燥而在较低加速电压下直接观察（如动物毛发、昆虫、植物种子、花粉等），但图像质量较差，而且观察和拍摄照片时须尽可能迅速。对大多数的生物材料，则应首先采用化学或物理方法固定、脱水和干燥，然后喷镀薄层金属膜，以提高材料的导电性和二次电子产额。

扫描电子显微镜能观察较大的组织表面结构，由于它的景深长，1mm 左右凹凸不平的表面能清晰成像，且样品图像富有立体感（图 2-7-3）。

活性污泥是由细菌、真菌、原生动物及后生动物组成的复杂系统。优良运转的活性污泥，是以丝状菌为骨架由球状菌组成的菌胶团。正是这些微生物以污水中的有机物为食料，进行代谢和繁殖，才降低了污水中有机物的含量。污泥样品经清洗、固定、干燥等步骤处理后，样品中的丝状菌在扫描电子显微镜下清晰可见。

2.7.3　实验器材

① 样品：活性污泥。

② 溶液或试剂：醋酸戊酯，浓硫酸，无菌水，2％磷钨酸钠（pH 6.5～8.0）水溶液，0.3％聚乙烯甲醛溶液（溶于三氯甲烷），细胞色素 C，醋酸铵，0.1mol/L 磷酸缓冲溶液

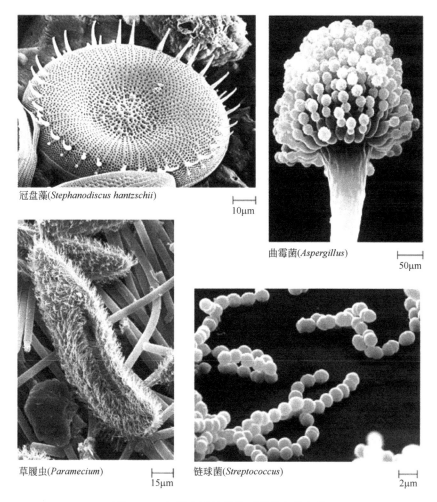

冠盘藻(*Stephanodiscus hantzschii*)
10μm

曲霉菌(*Aspergillus*)
50μm

草履虫(*Paramecium*)
15μm

链球菌(*Streptococcus*)
2μm

图 2-7-3　扫描电子显微镜下的微生物细胞

(pH 6.8)，2.5％戊二醛（pH 6.8），叔丁醇，50％、70％、80％、90％、95％、100％乙醇。

③仪器或其他用具：扫描电子显微镜、离子溅射镀膜仪、低温冰箱、离心机、离心管、烧杯、平皿、移液枪、无菌镊子、载玻片、双面胶带等。

2.7.4　实验方法

对多数的生物材料而言，在进行扫描电镜观察前，必须采用化学或物理方法将其固定、脱水及干燥，然后喷金以提高材料的导电性和二次电子产额。

活性污泥样品的预处理过程如下。

(1) 清洗

在所需要的不同的反应阶段，从反应器中取出数颗好氧颗粒污泥，放入 5mL 的离心管中，用 2mL 0.1mol/L 的磷酸缓冲液或去离子水与颗粒污泥充分混匀，5000r/min 离心5min，弃上清液。反复清洗数次，将样品表面的附着物清洗干净。

（2）固定

用移液枪取 2.5％戊二醛溶液（pH 6.8）没过样品，并置于 4℃冰箱中固定 2～12h。（理论上也可用 1％的四氧化锇（OsO_4）固定，四氧化锇也可以较好地保存组织细胞结构，增加材料的导电性和二次电子产额，提高扫描电子显微镜图像的质量。）

（3）冲洗

将固定好的好氧颗粒污泥，用 0.1mol/L，pH 值为 6.8 的磷酸缓冲溶液冲洗 3 次，每次 10min。

（4）脱水

采用梯度乙醇脱水，将冲洗好的样品依次置于系列浓度 50％、70％、80％、90％、95％的乙醇进行脱水处理，每次使脱水剂刚好浸没样品，换液时将原来的液体吸出，换上新的液体，每次 30min，再用 100％的乙醇脱水 2 次，每次 15min。

（5）置换

用乙醇-叔丁醇（1:1）溶液、纯叔丁醇各置换一次，每次 15min。

（6）冷冻干燥

将置换后的样品用针头挑出，放入滤纸叠成的小盒中，置入 −80℃低温冰箱中干燥 12h 后，抽真空去除残余的叔丁醇。

（7）粘样与喷金

将干燥的样品用导电性好的黏合剂（导电胶）粘在金属样品台上，然后放在离子溅射镀膜仪中喷镀一层 5～30nm 的金属膜，以提高样品的导电性和二次电子产额，改善图像质量，并且防止样品受热和辐射损伤。（如果采用离子溅射镀膜机喷镀金属，可获得均匀的细颗粒薄金属镀层，提高扫描电子图像的质量。）

（8）显微成像

将样品小心放到扫描电镜操作台上显微成像，通过旋钮调焦，找到丝状菌细胞，观察、照相、刻录光盘。

活性污泥中的丝状菌图像如图 2-7-4 所示。

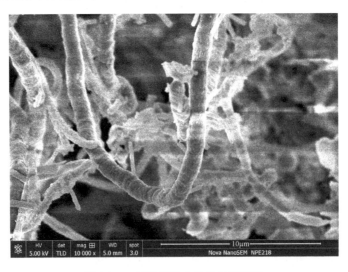

图 2-7-4　活性污泥中的丝状菌图像

2.7.5 注意事项

① 生物样品的精细结构易遭破坏，因此在进行制样处理和进行电镜观察前必须进行固定，以便能最大限度地保持其自然生活时的形态。而采用水溶性、低表面张力的有机溶液如乙醇等对样品进行梯度脱水，也是为了在对样品进行干燥处理时尽量减少由表面张力引起其自然形态的变化。

② 用扫描电镜观察细菌细胞时，可采用离心洗涤的方法将菌体依次固定、冲洗、脱水、置换及干燥，但要注意在固定及脱水过程中尽量避免菌体与空气接触，最大限度地减少因自然干燥而引起的菌体变形。

③ 生物样品经冷冻固定后，其中的水分冻结成冰，表面张力消失，再将冷冻样品放于真空中，使冰渐渐升华为水蒸气，这样获得的干燥样品在一定程度上避免了表面张力造成的形态改变。由于水冷冻而形成的冰晶会破坏组织结构，冰在真空中升华速度很慢，同时需要大型复杂的冷冻干燥装置，所以冷冻干燥法没有临界干燥法应用广泛。如果在冷冻前用有机溶剂置换样品中的水，而后冷冻干燥，则可消除冰晶对组织结构的破坏，并大大缩短干燥时间，也不需要特殊装置。

2.7.6 实验报告

拍摄 5 张活性污泥中的丝状菌图片。

2.7.7 思考题

① 比较扫描电子显微镜与普通光学显微镜的主要异同点。
② 扫描电子显微镜与透射电子显微镜在仪器构造、成像机理及用途上有什么不同？
③ 电子束与样品作用后可以产生哪些信号？简述二次电子的成像原理。
④ 扫描电子显微镜有哪些特点及技术指标？
⑤ 为什么透射电子显微镜与扫描电子显微镜对样品厚度和大小的要求不同？

2.8 微生物大小的测定

2.8.1 实验目的

① 了解目镜测微尺和镜台测微尺的构造和使用原理；
② 学会测微尺的使用，掌握微生物细胞大小的测定方法。

2.8.2 实验原理

微生物细胞大小是微生物重要的形态特征之一，也是分类鉴定的依据之一。由于微生物细胞很小，只能在显微镜下测量。用来测量微生物细胞大小的工具有镜台测微尺和目镜测微尺。

　　镜台测微尺是中央部分刻有精确等分线的载玻片（图 2-8-1）。一般将 1mm 等分为 100 格，每格长 10μm（即 0.01mm）。刻线外有一个 φ3mm，粗线为 0.1mm 的圆，便于调焦时寻找线条（图 2-8-2）。镜台测微尺并不直接用于测量微生物细胞的大小，而是专门用于校正目镜测微尺每格的长度。校正时，将镜台测微尺放在载物台上，由于镜台测微尺与细胞标本是处于同一位置，都要经过物镜和目镜的两次放大成像进入视野，即镜台测微尺随着显微镜总放大倍数的增大而增大，因此从镜台测微尺上得到的读数就是细胞的真实大小，所以用镜台测微尺的已知长度在一定放大倍数下校正目镜测微尺，即可求出目镜测微尺每格所代表的长度，然后移去镜台测微尺，换上待测标本片，用校正好的目镜测微尺在同样放大倍数下测量微生物细胞的大小。

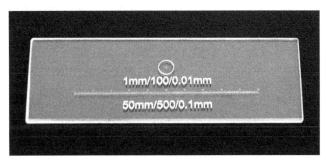

图 2-8-1　镜台测微尺

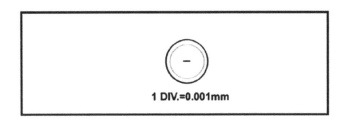

图 2-8-2　镜台测微尺上的刻度

　　目镜测微尺是一块可放在目镜内隔板上的圆形小玻片，在玻片中央把 5mm 长度刻成 50 等份，或把 10mm 长度刻成 100 等份（图 2-8-3）。每 5 小格间有一长线相隔。测量时，将其放在目镜中的隔板上（此处正好与物镜放大的中间像重叠）来测量经显微镜放大后的细胞物像。由于所用目镜放大倍数和物镜放大倍数的不同，目镜测微尺每小格所代表的实际长度也不一样（图 2-8-4～图 2-8-6），因此，用目镜测微尺测量微生物大小时，必须先用镜台测微尺进行校正，以求出该显微镜在一定放大倍数的目镜和物镜下，目镜测微尺每小格所代表的相对长度。然后根据微生物细胞相当于目镜测微尺的格数，即可计算出细胞的实际大小。球菌用直径表示大小，杆菌用长和宽来表示大小。

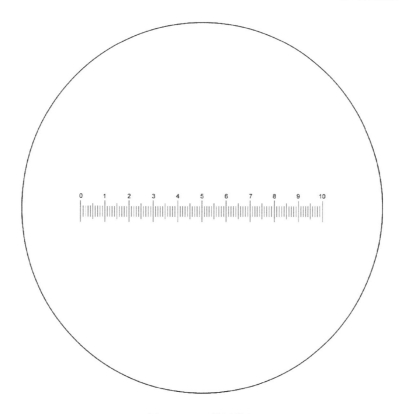

图 2-8-3　目镜测微尺

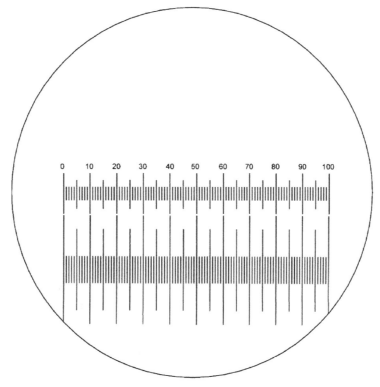

图 2-8-4　10×10 倍时目镜测微尺每小格所代表的长度

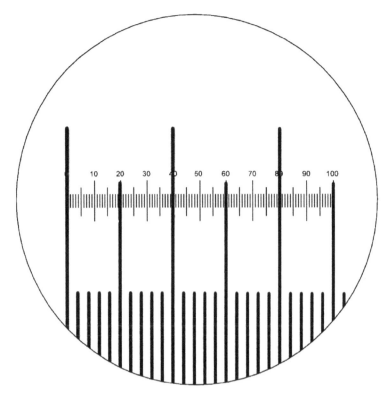

图 2-8-5　10×40 倍时目镜测微尺每小格所代表的长度

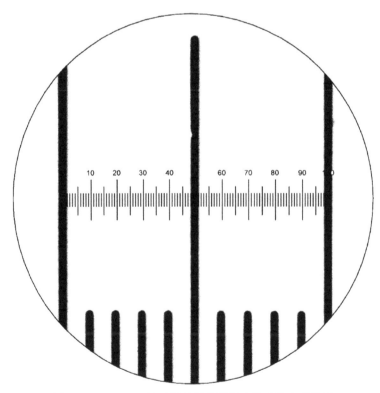

图 2-8-6　10×100 倍时目镜测微尺每小格所代表的长度

2.8.3　实验器材

① 菌种：藤黄微球菌（*Micrococcus luteus*）、大肠杆菌（*Escherichia coli*）和枯草芽孢杆菌（*Bacillus subtilis*）的染色标本片，酿酒酵母（*Saccharomyces cerevisiae*）24h 马铃薯斜面培养物。

② 器材：光学显微镜、目镜测微尺、镜台测微尺、载玻片、盖玻片、香柏油、接种环、酒精灯、滴管、擦镜纸等。

2.8.4　实验方法

（1）目镜测微尺的安装

取出目镜测微尺，把目镜上的透镜摘下，将目镜测微尺刻度朝下放在目镜筒内的隔板上，然后再装上目镜透镜，将目镜插回镜筒内。双目显微镜的左目镜通常配有屈光度调节环，不能被取下，因此使用双目显微镜时目镜测微尺一般都安装在右目镜中。

（2）目镜测微尺的校正

将镜台测微尺刻度面朝上放在显微镜载物台上。先用低倍镜观察，将镜台测微尺有刻度的部分移至视野中央，调节焦距，当清晰地看到镜台测微尺的刻度后，转动目镜使目镜测微尺的刻度与镜台测微尺的刻度平行。利用推进器移动镜台测微尺，使目镜测微尺和镜台测微尺在某一区域内两线完全重合（图 2-8-3），然后计数出两对重合线之间各自所占的格数。

由于已知镜台测微尺每格长 $10\mu m$，根据下列公式即可分别计算出在不同放大倍数下，目镜测微尺每格所代表的长度。

目镜测微尺每格长度(μm)＝两重合线间镜台测微尺格数×$10\mu m$/两重合线间目镜测微尺格数

例如目镜测微尺 5 小格正好与镜台测微尺 5 小格重叠，已知镜台测微尺每小格为 $10\mu m$，则目镜测微尺上每小格长度＝$(5\times10\mu m)/5＝10\mu m$

用同样的方法换成高倍镜和油镜进行校正，分别测出在高倍镜和油镜下两重合线之间两尺分别所占的格数。

由于不同显微镜及附件的放大倍数不同，因此校正目镜测微尺必须针对特定的显微镜和附件（特定的物镜、目镜、镜筒长度）进行，而且只能在特定的情况下重复使用，当更换不同放大倍数的目镜或物镜时，必须重新校正目镜测微尺每一格所代表的长度。

（3）菌体大小的测量

① 目镜测微尺校正完毕后，取下镜台测微尺，换上细菌染色制片。先用低倍镜和高倍镜找到标本后，换油镜测量藤黄微球菌的直径和大肠杆菌的宽度和长度。测定时，通过转动目镜测微尺和移动载玻片，测出细菌直径或宽和长所占目镜测微尺的格数。最后将所测得的格数乘以目镜测微尺（用油镜时）每格所代表的长度，即为该菌的实际大小（图 2-8-7）。

② 测定酵母菌时，先将酵母菌斜面制成一定浓度的菌悬液，取一滴酵母菌菌悬液制成水浸片，然后用高倍镜测出宽和长各占目镜测微尺的格数，最后，将测得的格数乘以目镜测微尺（用高倍镜时）每格所代表的长度，即为酵母菌的实际大小。

③ 通常测定对数生长期菌体来代表该菌的大小，可选择有代表性的 3～5 个细胞进行测

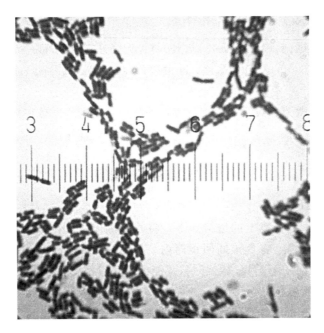

图 2-8-7   放大 10×100 倍下细菌的大小

定，细菌的大小需用油镜测定，以减少误差。

④ 测定完毕，取出目镜测微尺后，将目镜放回镜筒，再将目镜测微尺和镜台测微尺分别用擦镜纸擦拭干净，放回盒内保存。

2.8.5   注意事项

① 微生物大小测定时，光线不宜过强，否则难以找到镜台测微尺的刻度，换高倍镜和油镜校正时，务必十分小心，防止物镜压坏镜台测微尺和损坏镜头。

② 使用镜台测微尺进行校正时，若一时无法直接找到测微尺，可先对刻度尺外的圆圈线进行准焦后再通过移动标本推进器进行寻找。

③ 细菌个体微小，在进行细胞大小测定时应尽量使用油镜，以减少误差。

④ 细菌在不同的生长时期细胞大小有时会有较大变化，若需自己制样进行细胞大小测定时，应注意选择处于对数生长期的菌体细胞材料。

2.8.6   实验报告

① 目镜测微尺校正结果填入表 2-8-1。

表 2-8-1   目镜测微尺校正结果

物镜	物镜倍数	目镜测微尺格数	镜台测微尺格数	目镜测微尺每格代表的长度/μm
低倍	10			
高倍	40			
油镜	100			

② 各菌测定结果填入表 2-8-2。

表 2-8-2　各菌测定结果

微生物名称	目镜测微尺每格代表的长度 /μm	宽		长		菌体大小
		目镜测微尺格数	宽度 /μm	目镜测微尺格数	长度 /μm	长×宽 /(μm×μm)
藤黄微球菌						
大肠杆菌						
酿酒酵母						

注：长(μm)=平均格数×校正值；宽(μm)=平均格数×校正值。

大小表示：长(μm)×宽(μm)。

2.8.7　思考题

① 为什么更换不同放大倍数的目镜或物镜时，必须用镜台测微尺重新对目镜测微尺进行校正？

② 在不改变目镜和目镜测微尺，而改用不同放大倍数的物镜来测定同一微生物细胞的大小时，其测定结果是否相同？为什么？

2.9　微生物数量的测定

2.9.1　实验目的

① 了解血球计数板的构造、计数原理及计数方法，掌握显微镜直接计数的技能；

② 学习平板菌落计数的基本原理和方法；

③ 了解光电比浊计数法的原理，学习、掌握光电比浊计数法的操作方法。

2.9.2　实验原理

单细胞微生物个体生长时间较短，很快进入分裂繁殖阶段，因此，个体生长难以测定，除非特殊目的，否则单个微生物细胞生长测定实际意义不大。微生物的生长与繁殖（个体数目增加）是交替进行的，它们的生长一般不是依据细胞的大小，而是以繁殖，即群体的生长作为微生物生长的指标。

细菌群体生长表现为细胞数目的增加或细胞物质的增加。测定细胞数目的方法有显微镜直接计数法（direct microscopic count）、平板菌落计数法（plate count）、光电比浊法（turbidity estimation by spectrophotometer）、最大或然数法（most probable number，MPN）以及膜过滤法（membrane filtration）等。测定细胞物质的方法有细胞干重的测定，细胞某种成分如氮的含量、RNA 和 DNA 的含量测定，代谢产物的测定，等。总之，测定微生物生长量的方法很多，各有优缺点，工作中应根据具体情况要求加以选择。

本实验主要介绍生产、科研工作中比较常用的显微镜直接计数法、平板菌落计数法及光电比浊计数法。

显微镜直接计数法是将少量待测样品的悬浮液置于一种特别的具有确定面积或容积的载

玻片上（又称计菌器），于显微镜下直接计数的一种简便、快速、直观的方法。目前国内外常用的计菌器有：血球计数板、Peteroff-Hauser 计数器以及 Hawksley 计菌器等，它们都可用于酵母、细菌、霉菌孢子等悬液的计数，基本原理相同。本实验以血球计数板为例进行显微镜直接计数。

血球计数板是一块特制的载玻片，其上由四条槽构成三个平台；中间的平台较宽，其中间又被一条短横槽分隔成两半（图 2-9-1），每一边的平台上各刻有一个方格网，每个方格网共分为九个大方格，中间的大方格即为计数室（图 2-9-2）。计数室的刻度一般有两种规格：一种是一个大方格分成 25 个中方格，而每个中方格又分成 16 个小方格；另一种是一个大方格分成 16 个中方格，而每个中方格又分成 25 个小方格。但无论是哪一种规格的计数板，每一个大方格中的小方格都是 400 个。每一个大方格边长为 1mm，则每一个大方格的面积为 $1mm^2$，盖上盖玻片后，盖玻片与载玻片之间的高度为 0.1mm（图 2-9-3），所以计数室的容积为 $0.1mm^3$（万分之一毫升），每个小方格的体积为 $(1/4000)mm^3$。

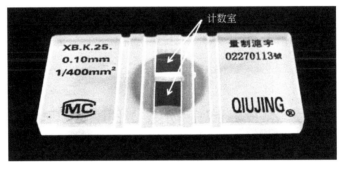

图 2-9-1 血球计数板构造（实物图）

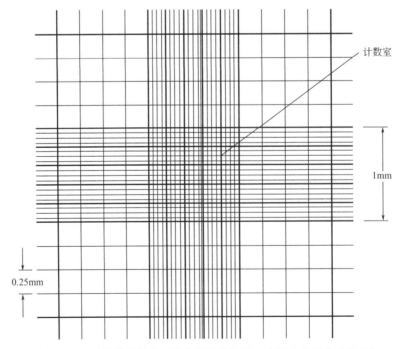

图 2-9-2 血球计数板构造（放大后的方格网，中间大方格为计数室）

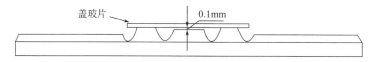

图 2-9-3　血球计数板构造（纵切面图）

使用血球计数板计数时，先要测定每个小方格中微生物的数量，再换算成每毫升菌液（或每克样品）中微生物细胞的数量。

$$样品中菌数(个/mL)=每小格的平均数×\frac{1000}{0.00025}×稀释倍数$$

在这一公式中，1000 代表 1mL 的容积（即 $1000mm^3$），0.00025 为每一小格的容积（即 $1/4000mm^3$），上面公式可进一步改写为：

$$样品中菌数(个/mL)=每小格的平均数×4×10^6×稀释倍数$$

平板菌落计数是根据微生物在固体培养基上所形成的单个菌落（即由一个单细胞繁殖而成）这一培养特征设计的计数方法（一个菌落代表一个单细胞）。计数时，首先将待测样品制成均匀的系列稀释液，尽量使样品中的微生物细胞分散开，使其在液体中以单个细胞的形式存在（否则一个菌落就不只是代表一个细胞），再取一定稀释度、一定量的稀释液接种到培养皿中，使其均匀分布于平板中的培养基内。经培养后，由单个细胞生长繁殖形成菌落，统计菌落数目，根据其稀释倍数和取样接种量即可计算出样品的含菌数。但是，由于待测样品往往不易完全分散成单个细胞，所以长成的一个单菌落也可来自样品中的 2～3 个或更多个细胞。因此平板菌落计数的结果往往偏低。为了清楚地阐述平板菌落计数的结果，现在已倾向使用菌落形成单位（colony forming unit，cfu）而不以绝对菌落数来表示样品的活菌含量。

平板菌落计数法虽然操作较繁琐，结果需要培养一段时间才能取得，而且测定结果易受多种因素的影响，但由于该计数方法的最大优点是可以获得活菌的信息，所以被广泛用于生物制品检验（如活菌制剂）、土壤含菌量测定及食品、水源的污染程度的检验，等。

当光线通过微生物菌悬液时，由于菌体的散射及吸收作用使光线的透过量降低。在一定的范围内，微生物细胞浓度与透光度成反比，与光密度成正比，而光密度或透光度可以由光电池精确测出（图 2-9-4）。因此，可用一系列已知菌数的菌悬液测定光密度，作出光密度-菌落数标准曲线。然后以样品液所测得的光密度，从标准曲线中查出对应的菌落数。制作标准曲线时，菌体计数可采用血球计数板计数、平板菌落计数或球干重测定等方法。

光电比浊计数法的优点是简便、迅速，可以连续测定，适合于自动控制。但是，光密度或透光度除了受菌体浓度影响之外，还受细胞大小、形态、培养液成分以及所采用的光波长等因素的影响。因此，对不同微生物的菌悬液进行光电比浊计数，应采用相同的菌株和培养条件制作标准曲线。光波的选择通常在 400～700nm 之间，具体到某种微生物还需要经过最大吸收波长以及稳定性试验来确定。另外，对于颜色太深的样品或在样品中还含有其他干扰物质的悬液不适合用此法进行测定。

2.9.3　实验器材

① 菌种：酿酒酵母（*Saccharomyces cerevisiae*）斜面培养物或培养液，大肠杆菌（*Escherichia coli*）或苏云金芽孢杆菌（*Bacillus thuringiensis*）菌悬液。

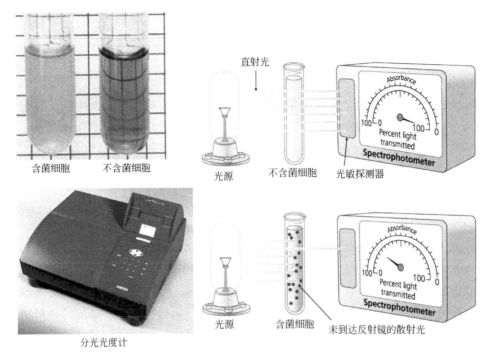

含菌细胞　　　不含菌细胞　　　光源　　　不含菌细胞　　　光敏探测器

直射光

Absorbance
100　0　100
Percent light transmitted
Spectrophotometer

分光光度计

光源　　　含菌细胞　　　未到达反射镜的散射光

Absorbance
100　0　100
Percent light transmitted
Spectrophotometer

图 2-9-4　光电比浊法测定细胞浓度的工作原理

② 培养基：麦芽汁琼脂斜面培养基、牛肉膏蛋白胨培养基。（培养基的配制方法见附录Ⅱ。）

③ 仪器及其他用具：显微镜、血球计数板、分光光度计、恒温培养箱、天平、计数器、无菌平皿、无菌试管、试管架、称样瓶、玻璃涂棒、盖玻片、移液枪、吸水纸、擦镜纸、无菌水、记号笔等。

2.9.4　实验方法

2.9.4.1　显微镜直接计数法

（1）菌悬液制备

视待测菌悬液浓度，加无菌水适当稀释（斜面一般稀释 100 倍），以每小格的菌数可数为宜。

（2）镜检计数室

加样前先对计数板的计数室进行镜检。若有污物，则需清洗，然后用吸水纸吸干或用电吹风吹干。计数板上的计数室的刻度非常精细，清洗时切勿使用刷子等硬物，也不可用酒精灯火焰烘烤计数板。

（3）加样品

将清洁干燥的血球计数板盖上盖玻片，再用无菌的毛细滴管或移液枪，将摇匀的酿酒酵母菌悬液由计数板中间平台两侧的溢流槽内沿盖玻片的下边缘滴入一小滴（不宜过多），让菌悬液利用液体的表面张力充满计数区，并用镊子轻压盖玻片，以免因菌液过多将盖玻片顶起而改变计数室的容积，最后用吸水纸吸去溢流槽中流出的多余菌悬液。也可以将菌悬液直接滴加在计数区上（不要让计数区两边平台沾上菌悬液，以免加盖盖玻片后，造成计数区深度的升高），然后加盖盖玻片。

（4）显微镜计数

加样后静置 5min，使细胞沉降到计数板上，不再随液体漂移。然后将血球计数板置于显微镜载物台上，先用低倍镜找到计数室所在位置，然后换成高倍镜进行计数。由于活细胞的折光率和水的折光率相近，观察时应减弱光照的强度。在计数前若发现菌液太浓或太稀，需重新调节稀释度后再计数。一般稀释度范围在每小格内 5～10 个菌体为宜。

如果计数区由 16 个中方格组成，按对角线方位，数左上、右上、左下、右下的 4 个大方格（即 100 小格）的菌数；

计算方法如下：

$$细胞数（个/mL）=（4×25 小格内的细胞数/100）×4×10^6×稀释倍数$$

如果计数区是 25 个中方格组成的计数区，除数上述四个大方格外，还需数中央 1 个大方格的菌数（即 80 个小格）的菌数（图 2-9-5、图 2-9-6）。

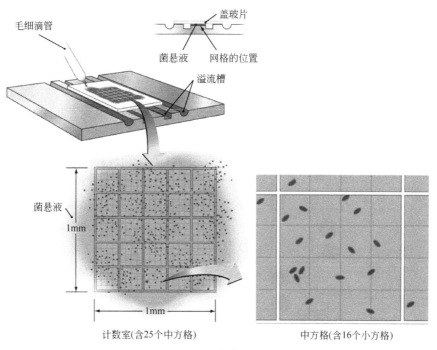

图 2-9-5　血球计数板计数

计算方法如下：

$$细胞数（个/mL）=（5×16 小格内的细胞数/80）×4×10^6×稀释倍数$$

为了保证计数的准确性，避免重复计数和漏计，在计数时如菌体位于大方格的双线上，则数上线不数下线、数右线不数左线（图 2-9-7），以减少误差。对于出芽的酵母菌，芽体达到母细胞大小一半时，即可作为两个菌体计算。计数一个样品要从两个计数室中计得的平均数值来计算样品的含菌量，并按公式计算出 1mL 或 1g 菌悬液所含细胞数量。

（5）清洗血球计数板

使用完毕后，取下盖玻片，用水将血球计数板冲洗干净，切勿用硬物刷洗，以免损坏网格刻度。洗净后自行晾干或用吹风机吹干，放回盒中，以备下次使用。

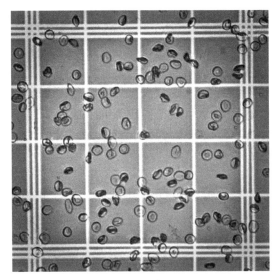

图 2-9-6　计数室内的酵母细胞

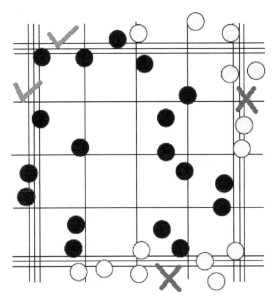

图 2-9-7　显微镜直接计数

2.9.4.2　平板菌落计数法

(1) 编号

取无菌平皿 9 套，分别用记号笔标明 10^{-4}、10^{-5}、10^{-6}。每一稀释度各 3 套。另取 6 支盛有 4.5mL 无菌水的试管，依次标记 10^{-1}、10^{-2}、10^{-3}、10^{-4}、10^{-5}、10^{-6}。

(2) 稀释

用移液枪吸取 0.5mL 已充分混匀的大肠杆菌菌悬液（待测样品），放至 10^{-1} 的试管中。然后仍用同一枪头将管内悬液来回吸吹三次，使其混合均匀。再用此枪头吸取 10^{-1} 菌液 0.5mL，放至 10^{-2} 试管中，此即为 100 倍稀释。其余依次类推，连续稀释，制成 10^{-3}、10^{-4}、10^{-5}、10^{-6} 等一系列稀释菌液，整个稀释过程如图 2-9-8 所示。

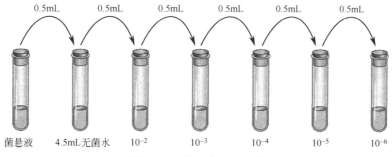

图 2-9-8 菌悬液稀释步骤

(3) 取样

用移液枪按无菌操作要求，吸取 3 次 10^{-6} 稀释液各 0.2mL，分别放入编号 10^{-6} 的 3 个平板中，同法吸取 3 次 10^{-5} 稀释液各 0.2mL 放入编号 10^{-5} 的 3 个平板中，再吸取 3 次 10^{-4} 稀释液各 0.2mL 放入编号 10^{-4} 的 3 个平板中。（由低浓度向高浓度时，枪头可不必更换。）

(4) 倒平板

尽快向上述盛有不同稀释度菌液的平皿中倒入熔化后冷却至 45℃ 左右的牛肉膏蛋白胨琼脂培养基约 15mL/平皿，置水平位置轻轻转动平板，使培养基与菌液混合均匀，而又不使培养基溢出平皿或溅到平皿盖上。待培养基凝固后，将平板倒置于 37℃ 恒温培养箱中培养（图 2-9-9）。

图 2-9-9 制备平板步骤

(5) 计数

培养 48h 后，取出培养平板，算出同一稀释度三个平板上的菌落平均数，并按下列公式进行计算。

每毫升菌液中菌落形成单位(cfu)＝同一稀释度 3 次重复的平均菌落数×稀释倍数×5

一般选择每个平板上长有 30～300 个菌落的稀释度计算每毫升的含菌量较为合适。同一稀释度的 3 个重复对照的菌落数不应相差很大，否则表示试验不精确。实际工作中同一稀释度重复对照平板不能少于 3 个，这样便于数据统计，减少误差。由 10^{-4}、10^{-5}、10^{-6} 三个稀释度计算出的每毫升菌液中菌落形成单位数也不应相差太大。平板菌落计数法所选择倒平板的稀释度很重要。一般以 3 个连续稀释度中的第二个稀释度倒平板培养后所出现的平均菌落数在 50 个左右为宜，否则要适当增加或减少稀释度加以调整。

平板菌落计数法的操作除上述倾注倒平板的方式以外，还可以用涂布平板的方式进行。二者操作基本相同，所不同的是后者先将牛肉膏蛋白胨琼脂培养基熔化后趁热倒平板，待凝固后编号，并于 37℃ 左右的烘箱中烘烤 30min 左右，或在超静工作台上适当吹干，然后用移液枪吸取 0.1mL 稀释好的菌液对号接种于不同稀释度编号的固体培养基上（每个编号设 3 个重复），并尽快用无菌玻璃涂棒将菌液在平板上涂布均匀，平放于实验台上 20～30min，使菌液渗入培养基表层内，然后倒置于 37℃恒温培养箱中培养 24～48h，至长出菌落后即可计数。

涂布平板用的菌悬液量一般以 0.1mL 较为适宜，如果过少菌液不易涂布开，过多则在涂布完成后或在培养时菌液仍会在平板表面流动，不易形成单菌落。每次涂布后需对玻璃涂棒进行灼烧灭菌，在由低浓度向高浓度涂布时，也可以不更换玻璃涂棒。

2.9.4.3 光电比浊计数法

（1）标准曲线制作

① 编号：取无菌试管 7 支，分别用记号笔将试管编号为 1、2、3、4、5、6、7。

② 调整菌液浓度：用血球计数板计数培养 24h 的酿酒酵母菌悬液，并用无菌生理盐水分别稀释调整为每毫升 1×10^6、2×10^6、4×10^6、6×10^6、8×10^6、10×10^6、12×10^6 含菌数的细胞悬液。再依次装入已编好号的 1 至 7 号无菌试管中。

③ 测 OD 值：将 1 至 7 号不同浓度的菌悬液摇匀后于 560nm 波长，1cm 比色皿中测定 OD 值。比色测定时，用无菌生理盐水作空白对照，并将 OD 值填入表 2-9-1。

表 2-9-1 各管光密度（OD）值

管号	1	2	3	4	5	6	7	8
细胞数个/mL								
OD 值								

④ 以光密度（OD）值为纵坐标，以每毫升菌液细胞数为横坐标，绘制标准曲线。

（2）样品测定

将待测样品用无菌生理盐水适当稀释，摇均匀后，用 560nm 波长，1cm 比色皿测定光密度。测定时用无菌生理盐水作空白对照。各种操作条件必须与制作标准曲线时的相同，否则，测得值所换算的含菌数就不准确。

（3）根据所测得的光密度值，从标准曲线查得每毫升菌液的含菌数。

2.9.5 注意事项

① 在血球计数板上加盖玻片时，计数室内不要有气泡。

② 用稀释平板菌落计数法计数时，待测菌稀释度的选择应根据样品确定。样品中所含待测菌的数量多时，稀释度应高，反之则低。通常测定细菌菌剂含菌数时，采用 10^{-7}、10^{-8}、10^{-9} 稀释度；测定土壤细菌数量时，采用 10^{-4}、10^{-5}、10^{-6} 稀释度；测定放线菌数量时，采用 10^{-3}、10^{-4}、10^{-5} 稀释度；测定真菌数量时，采用 10^{-2}、10^{-3}、10^{-4} 稀释度。

③ 由于细菌易吸附到玻璃器皿表面，所以菌液加入培养皿后，应尽快倒入熔化并已冷却至 45℃左右的培养基，立即摇匀，否则细菌将不易分散或长成的菌落连在一起，影响计数。

④ 同一稀释度各个重复的菌数相差不能太悬殊。

⑤ 光电比浊计数时，必须先将菌悬液摇匀后再倒入比色皿中测定。

2.9.6 实验报告

① 将显微镜直接计数结果填入表 2-9-2。

表 2-9-2 显微镜直接计数结果

项目	每个中格中菌数					五个中方格中的总菌数(cfu)	菌液稀释倍数	菌数/mL	两室平均菌数(cfu)
	1	2	3	4	5				
第一室									
第二室									

② 将平板菌落计数结果填入表 2-9-3。

表 2-9-3 平板菌落计数结果

稀释度	10^{-4}				10^{-5}				10^{-6}			
编号	1	2	3	平均	1	2	3	平均	1	2	3	平均
菌落数(cfu)												
1mL 样品活菌数												

计算结果时，应从接种后的 3 个稀释度中选择一个合适的稀释度，求出每毫升菌剂中的含菌数。

选择好计数的稀释度后，即可统计在平板上长出的菌落数，统计结果按下式计算。

混合平板计数法：

每毫升样品的菌数＝同一稀释度几次重复的菌落平均数×稀释倍数

涂抹平板计数法：

每毫升样品的菌数＝同一稀释度几次重复的菌落平均数×10×稀释倍数

③ 根据光电比浊计数法测出的数据，计算出每毫升样品原液菌数。

每毫升样品原液菌数＝从标准曲线查得每毫升的菌数×稀释倍数

2.9.7 思考题

① 当用两种不同规格的血球计数板测同一样品时，测量结果是否相同？

② 为什么用血球计数板对细胞计数时，要求样品浓度在每毫升 $10^{-5} \sim 10^{-6}$ 之间？

③ 根据你的实验体会，说明用血球计数板计数的误差主要来自哪些方面？应如何尽量减少误差，力求准确？

④ 血球计数板测定原理是什么？它有哪些优点？

⑤ 为什么熔化后的培养基要冷却至 45℃ 左右才能倒平板？

⑥ 要使平板菌落计数准确，需要掌握哪几个关键步骤？为什么？

⑦ 试比较平板菌落计数法和显微镜直接计数法的优缺点及应用。

⑧ 当平板上长出的菌落不是均匀分散的而是集中在一起时，你认为问题出在哪里？

⑨ 用倒平板法和涂布法计数，其平板上长出的菌落有何不同？为什么要培养较长时间（48h）后观察结果？

⑩ 同一种菌液用血球计数板和平板菌落计数法同时计数，所得结果是否一样？为什么？

⑪ 光电比浊计数的原理是什么？这种计数法有何优缺点？

⑫ 本实验为什么采用560nm波长测定酵母菌悬液的光密度？如果你在实验中需要测定大肠杆菌生长的OD值，你将如何选择波长？

2.10 微生物培养基的配制

2.10.1 实验目的

① 了解人工培养基的主要成分及一般制备原则；

② 了解和掌握培养基的配制原理和方法步骤。

2.10.2 实验原理

培养基是人工配制的、适合微生物生长繁殖或积累代谢产物的营养基质，用以培养、分离、鉴定、保存各种微生物或积累代谢产物。因此，营养基质应当有微生物所能利用的营养成分（包括碳源、氮源、能源、无机盐、生长因子）和水。根据微生物的种类和实验目的的不同，培养基也有不同的种类和配制方法。通常培养细菌用牛肉膏蛋白胨培养基，培养放线菌常用淀粉培养基，培养霉菌用豆芽汁培养基，培养酵母菌用麦芽汁培养基。这些培养基一般都由碳、氢、氧、氮、磷、硫、钾、钠、钙、镁、铁及其他一些微量元素和水，按一定的体积分数配制而成，且配制过程大致相同。

微生物的生长繁殖除需要一定的营养物质以外，还要求适当的pH范围。不同微生物对pH的要求不一样，霉菌和酵母菌的培养基pH呈偏酸性，而细菌和放线菌的培养基pH呈中性或微碱性。所以配制培养基时，要根据不同微生物用稀酸或稀碱将培养基的pH调到合适的范围。但在配制pH低的琼脂培养基时，如预先调好pH并在高压蒸汽下灭菌，则极易造成琼脂水解，因此，应将培养基的成分和琼脂分开灭菌后再混合，或在中性pH条件下灭菌后，再调整pH。

此外，由于配制培养基的各类营养物质和容器等含有各种微生物，因此配制好的培养基必须立即灭菌，以防止其中的微生物生长繁殖而消耗养分和改变培养基的酸碱度带来不利的影响。

目前已有各种商品化的"干燥培养基"成品出售。这种干燥培养基是利用喷雾干燥法、真空干燥法、低温干燥法或蒸发干燥法等，将新鲜配制的液体培养基内所含的水分去掉，或将培养基内的各种固形成分，经适当处理、充分混匀，制成干燥粉末而成。使用时只要按比例加入一定量的水，经溶解、分装、高压蒸汽灭菌，即可使用。这种培养基的优点是配制省时、携带方便、使用简易、质量稳定。

在制备培养基时，应掌握如下原则和要求：

① 培养基必须含有微生物生长繁殖所需要的营养物质及足够的水分。所用的化学药品必须纯净，称取的质量必须准确。

② 培养基的酸碱度应符合微生物生长要求。按各种培养基要求准确测定调节pH值。

③ 培养基的灭菌时间和温度应按照各种培养基的规定进行，以保证灭菌效果及不损失

培养基的必需营养成分。培养基经灭菌后，必须置37℃恒温培养箱中培养24h，无菌生长的培养基方可应用。

④ 所用器皿必须洁净，要求没有抑制细菌生长的物质存在，忌用铁或钢质器皿。

⑤ 制成的培养基应该是透明的，以便观察微生物生长状况以及其他代谢活动所产生的变化。

2.10.3 实验器材

① 溶液及试剂：牛肉膏、蛋白胨、琼脂、可溶性淀粉、葡萄糖、土豆、孟加拉红、链霉素、KNO_3、NaCl、$K_2HPO_4 \cdot 3H_2O$、$KH_2PO_4 \cdot 12H_2O$、$MgSO_4 \cdot 7H_2O$、$FeSO_4 \cdot 7H_2O$、1mol/L NaOH、1mol/L HCl、蒸馏水。

② 仪器及其他用具：烧杯、锥形瓶、瓶塞、试管、试管塞、培养皿、量筒、移液枪、枪头、玻璃棒、天平、药匙、玻璃珠、pH试纸、牛皮纸、标签、记号笔、线绳、纱布、漏斗、漏斗架、胶管、高压灭菌指示条等。

2.10.4 实验方法

培养基的制备步骤如下：

称量→配置→调节 pH 值→过滤→分装→灭菌→无菌检查

2.10.4.1 牛肉膏蛋白胨培养基（beef extract—peptone medium）的制备

牛肉膏蛋白胨培养基是一种应用最广泛和最普通的细菌基础培养基，有时又称为普通培养基。这种培养基中含有一般细菌生长繁殖所需要的最基本的营养物质，其中牛肉膏为微生物提供碳源、能源、磷酸盐和维生素，蛋白胨主要提供氮源和维生素，而 NaCl 提供无机盐。在配制固体培养基时还要加入一定量琼脂作凝固剂，琼脂在常用浓度下96℃时熔化，40℃时凝固，通常不被微生物分解利用。固体培养基中琼脂的含量根据琼脂的质量和气温的不同而有所不同。由于这种培养基多用于培养细菌，因此要用稀酸或稀碱将其 pH 调至中性或微碱性，以利于细菌的生长繁殖。

（1）培养基配方

牛肉膏 5.0g、蛋白胨 10.0g、NaCl 5.0g、琼脂 20.0g、蒸馏水 1000mL、pH 7.0～7.2。

（2）培养基配制

① 称量

按培养基配方比例依次准确称取牛肉膏、蛋白胨、NaCl，放入大烧杯中。牛肉膏可放在小烧杯或表面皿中称量，用热水溶解后倒入大烧杯；也可放在称量纸上称量，随后放入热水中，待牛肉膏与称量纸分离后，立即将称量纸取出。

蛋白胨很易吸湿，在称取时动作要迅速。另外，称量试剂时严防试剂混杂，一把药匙只用于取一种试剂，或称取一种试剂后，洗净、擦干，再取另一种试剂。

② 加热溶解

在烧杯中加入一定量的蒸馏水，小火加热，并用玻棒搅拌，或在磁力搅拌器上加热溶解。待试剂完全溶解后再补充水分至所需量。若配制固体培养基，则将称好的琼脂放入已溶解的试剂中。

配制培养基时，不可用铜或铁锅加热熔化，以免离子进入培养基中，影响细菌生长。

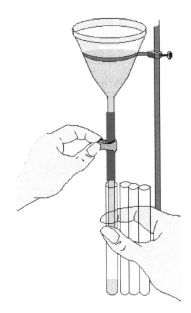

图 2-10-1　培养基的分装

③ 调 pH

检测培养基的 pH，若 pH 偏酸，可滴加 1 滴 1mol/L NaOH，边加边搅拌，并随时用 pH 试纸检测，直至达到所需 pH 范围。若偏碱，则用 1mol/L HCl 进行调节。pH 的调节通常放在加琼脂之前。

④ 过滤

液体培养基可用滤纸过滤，固体培养基可用 4 层纱布趁热过滤，以利于结果的观察。一般无特殊要求的情况下，这一步可以省去。（本实验无须过滤。）

⑤ 分装

根据实验要求，可将配制的培养基分装入试管或锥形瓶内（图 2-10-1），盖上试管（锥形瓶）塞。

培养基分装应本着以下原则：

a.液体分装，分装高度以试管高度的 1/4 左右为宜。分装锥形瓶的量以不超过锥形瓶容积的 1/3 为宜，如果是用于振荡培养，则根据通气量的要求酌情减少。有的液体培养基在灭菌后，需要补加一定量的其他无菌成分，如抗生素等，装量一定要准确。

b.固体试管分装，其装量不超过管高的 1/5，灭菌后制成斜面。锥形瓶分装的量以不超过锥形瓶容积的 1/3 为宜。

c.半固体分装试管一般以试管高度的 1/3 为宜，灭菌后垂直待凝。

培养基分装完毕后，在试管口（锥形瓶口）塞上海绵硅胶塞或试管帽，以阻止外界微生物进入培养基内而造成污染，并保证有良好的通气性能。

⑥ 包扎

将全部试管用线绳捆好，再在试管塞外包一层牛皮纸，以防止灭菌时冷凝水润湿试管塞，其外再用一道线绳扎好。用记号笔注明培养基名称、组别、配制日期。锥形烧瓶加塞后，外包牛皮纸，用线绳以活结形式扎好，同样用记号笔注明培养基名称、组别、配制日期。（有条件的实验室，可用市售的铝箔代替牛皮纸，省去用绳扎，使用更方便。）

2.10.4.2　高氏 1 号培养基（Gause medium No.1）的制备

高氏 1 号培养基是用于分离和培养放线菌的合成培养基。如果加入适量的抗菌药物，则可用来分离各种放线菌。高氏 1 号培养基属于合成培养基，其主要特点是含有多种化学成分已知的无机盐，这些无机盐可能相互作用而产生沉淀。因此，混合培养基成分时，一般是按配方的顺序依次溶解各成分，甚至有时还需要将两种或多种成分分别灭菌，使用时再按比例混合。

（1）培养基配方

可溶性淀粉 20g、KNO_3 1g、K_2HPO_4 0.5g、$MgSO_4 \cdot 7H_2O$ 0.5g、NaCl 0.5g、琼脂 20g、$FeSO_4 \cdot 7H_2O$ 0.01g、蒸馏水 1000mL，pH 7.2～7.4。

（2）培养基配制

① 称量和溶解

按用量先称取可溶性淀粉，放入小烧杯中，并用少量冷水将其调成糊状，再加入少于所需水量的沸水中，继续加热，边加热边搅拌，至其完全溶解。再加入其他成分依次溶解。微量成分 $FeSO_4 \cdot 7H_2O$ 可先配成高浓度的储备液后再加入，方法是先在 100mL 水中加入 1g 的 $FeSO_4 \cdot 7H_2O$，配成浓度为 0.01g/mL 的储备液，再在 1000mL 培养基中加入以上储备液 1mL 即可。待所有药品完全溶解后，补充水分到所需的体积。如要配制固体培养基，其琼脂溶解过程同牛肉膏蛋白胨培养基配制方法一样。

② pH 调节、分装、包扎、灭菌及无菌检查同牛肉膏蛋白胨培养基配制。

2.10.4.3 马丁氏琼脂培养基（Martin's agar medium）的制备

马丁氏琼脂培养基是用于分离真菌的选择培养基，由葡萄糖、蛋白胨、KH_2PO_4、$MgSO_4 \cdot 7H_2O$、孟加拉红（玫瑰红，rose bengal）和链霉素等组成。其中葡萄糖主要作为碳源，蛋白胨主要作为氮源，KH_2PO_4 和 $MgSO_4 \cdot 7H_2O$ 作为无机盐，为微生物提供钾、磷和镁。而孟加拉红和链霉素主要是细菌和放线菌的抑制剂，对真菌无抑制作用，因而真菌在这种培养基上可以得到优势生长，从而达到分离真菌的目的。

（1）培养基配方

KH_2PO_4 1g、$MgSO_4 \cdot 7H_2O$ 0.5g、蛋白胨 5g、葡萄糖 10g、琼脂 15～20g、蒸馏水 1000mL，自然 pH。

（2）培养基配制

① 称量和溶解

按用量称取各成分，并将其溶解在少于所需量的水中。待各成分完全溶解后，补充水分到所需体积。再将孟加拉红配成 1% 的水溶液，在 1000mL 培养液中加入孟加拉红溶液 3mL，混匀后，加入琼脂加热熔化，方法同牛肉膏蛋白胨培养基配制。

② 分装、包扎、灭菌及无菌检查同牛肉膏蛋白胨培养基配制。

③ 加链霉素

链霉素受热容易分解，所以临用时，将培养基熔化后待温度降至 45℃ 左右才能加入。可先将链霉素配成 1% 的溶液（配好的链霉素溶液保存于 -20℃），在 100mL 培养基中加 1% 链霉素 0.3mL，使每毫升培养基中含链霉素 30μg。

2.10.4.4 马铃薯葡萄糖琼脂培养基（potato—dextrose agar medium）的制备

马铃薯葡萄糖琼脂培养基主要用于霉菌和酵母菌计数及分离培养。其中，马铃薯浸出粉有助于各种霉菌的生长，葡萄糖提供能源，琼脂是培养基的凝固剂，氯霉素可抑制细菌的生长。

（1）培养基配方

去皮马铃薯 200g、葡萄糖 15～20g、琼脂 20～30g、氯霉素 0.1g、蒸馏水 1000mL，自然 pH。

（2）培养基配制

① 称量和溶解

将马铃薯洗净，去皮，切成大小约为 $1cm^3$ 的小块，称 200g 放入 1000mL 水中煮沸 20～30min，用纱布过滤，滤液用蒸馏水补足至 1000mL。

② 加热溶解

把滤液放入锅中，加入葡萄糖 20g、琼脂 20g，然后放在石棉网上，小火加热，并用玻棒不断搅拌，以防糊底或液体溢出，待琼脂完全溶解后，再补充蒸馏水至所需量。

③ 分装、包扎、灭菌及无菌检查同牛肉膏蛋白胨培养基配制。

2.10.4.5 其他用品的制备

(1) 无菌稀释水

① 取一个 250mL 的锥形瓶装 90（或 99）mL 蒸馏水，放 30 颗玻璃珠（用于打碎活性污泥、菌块或土壤颗粒）于锥形瓶内，塞瓶塞、包扎，待灭菌。

② 另取 5 支 18mm×180mm 的试管，分别装 9mL 蒸馏水，塞管塞、包扎，待灭菌。

(2) 玻璃器皿

① 玻璃器皿在使用前必须洗涤干净。培养皿、试管、锥形瓶等可用洗衣粉加去污粉刷洗并用自来水冲净。刷洗干净的玻璃器皿自然晾干或放入烘箱中烘干、备用。

② 试管口（锥形烧瓶口）塞上（盖上）海绵硅胶塞或试管帽。硅胶塞塞入 2/3，其余留在管口（或瓶口）外，便于拔塞。试管、锥形瓶塞好硅胶塞后，用牛皮纸包上并用细绳或橡皮筋捆扎好，放在铁丝或铜丝篓内待灭菌。

③ 培养皿由一底一盖组成一套，用牛皮纸或报纸将 10 套培养皿（皿底朝里，皿盖朝外，5 套、5 套相对）包好。

(3) 移液枪头

将移液枪枪头放入盒中（图 2-10-2），用锡箔纸包好，外部贴上高压灭菌指示条。

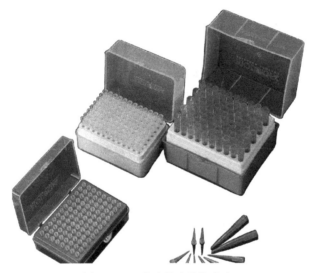

图 2-10-2　移液枪头及枪头盒

2.10.5　注意事项

① 称试剂用的药匙不要混用，称完试剂应及时盖紧瓶盖。

② 调 pH 时要小心操作，避免回调，以免影响培养基内各离子的浓度。

③ 配制低 pH 的琼脂培养基时，若预先调好 pH 并在高压蒸汽下灭菌，则琼脂因水解不能凝固。因此，应将培养基的成分和琼脂分开灭菌后再混合，或在中性 pH 条件下灭菌，再调整 pH。

④ 分装过程中，注意培养基不要沾染管口或瓶口，避免引起杂菌污染。

2.10.6　实验报告

① 记录本实验配制培养基的名称、数量，并说明其配制过程，指明要点。

② 实验结果分析，讨论实验指导书中提出的思考题，写出心得与体会。

2.10.7　思考题

① 培养微生物的培养基应具备哪些条件？

② 液体培养基和固体培养基分装需要注意哪些事项？

③ 配制培养基有哪几个步骤？在操作过程中应注意什么问题？为什么？

④ 牛肉膏蛋白胨培养基中各成分分别为微生物提供什么营养素？

⑤ 牛肉膏蛋白胨培养基属何种培养基？它除了培养细菌外，能培养真菌和放线菌吗？高氏 1 号培养基属何种培养基？除培养放线菌外高氏 1 号培养基还能培养细菌和真菌吗？为什么？

⑥ 什么是选择性培养基？它在微生物学工作中有何重要性？如果在用马丁氏琼脂培养基分离真菌时，发现有细菌生长，你认为是什么原因？你将如何进一步分离纯化以得到所需要的真菌？

2.11　培养基及器皿的消毒灭菌

2.11.1　实验目的

① 了解干热灭菌的原理和应用范围，学习干热灭菌的操作方法；

② 了解高压蒸汽灭菌的基本原理及应用范围，学习并掌握高压蒸汽灭菌的操作方法；

③ 学习和掌握紫外线灭菌的原理和方法；

④ 学习和掌握过滤除菌的原理和方法。

2.11.2　实验原理

消毒（disinfection）是指用物理、化学因素杀死病原菌和有害微生物的营养细胞，而灭菌（sterilization）则是指用物理或化学方法杀死全部微生物的营养细胞和它们的芽孢（或孢子）。消毒与灭菌的方法很多，一般可分为加热、过滤、辐射和使用化学药品等方法。微生物实验室最常用的有干热灭菌和高压蒸汽灭菌两种方法。一般培养皿、吸管等玻璃仪器用干热灭菌法进行灭菌，而培养基、无菌水和实验用的土壤，则用高压蒸汽灭菌法进行灭菌。此外，过滤除菌、射线灭菌和消毒、化学药物灭菌和消毒等也是微生物学操作中的常用方法。

干热灭菌有火焰烧灼灭菌和热空气灭菌两种。火焰烧灼灭菌适用于接种环、接种针和镊子等金属用具，无菌操作时的试管口和瓶口也在火焰上短暂烧灼灭菌。通常所说的干热灭菌是在干热灭菌箱内，利用高温使微生物细胞内的蛋白质凝固变性，而达到灭菌目的的方法。细胞内的蛋白质凝固性与其本身的含水量有关，在菌体受热时，环境和细胞内含水量越大，蛋白质凝固越快，含水量少，则凝固缓慢。因此，与湿热灭菌相比，干热灭菌所需温度要高（160~170℃），时间要长（1~2h），但干热灭菌温度不能超过 180℃，否则，包器皿的纸就会烧焦，甚至引起燃烧。

卵白蛋白含水量与凝固所需温度的关系如表 2-11-1 所示。

表 2-11-1　卵白蛋白含水量与凝固所需温度的关系

卵白蛋白含水量/%	30min 内凝固所需温度/℃	卵白蛋白含水量/%	30min 内凝固所需温度/℃
50	56	6	145
25	74～80	0	160～170
18	80～90		

一般微生物的营养细胞在水中煮沸后即被杀死，但细菌的芽孢有较强的抗热性，须经高压蒸汽灭菌才能达到彻底杀灭的目的。高压蒸汽灭菌是将待灭菌的物品放在一个密闭的加压灭菌锅内，通过加热，使灭菌锅隔套间的水沸腾而产生蒸汽。高压蒸汽灭菌锅上附有压力表、排气阀、安全阀、加水口、排水口等部件。由于蒸汽不能溢出，增加了灭菌器内的压力，从而使沸点增高，得到高于 100℃ 的温度，导致菌体蛋白质凝固变性而达到灭菌的目的。根据蒸汽温度随压力升高而上升的原理，压力越大，蒸汽温度就越高。因此，在同一加热条件下，采用高压蒸汽灭菌比干热灭菌法效果要好。而且在湿热情况下，由于蒸汽的穿透力强，菌体吸收水分后，其蛋白质易于凝固变性，杀菌效果更好。

表 2-11-2 为干热湿热穿透力及灭菌效果的比较。

表 2-11-2　干热湿热穿透力及灭菌效果比较

方法	时间/h	透过布层的温度/℃			灭菌
		10 层	20 层	100 层	
干热(130～140℃)	4	86	72	70.5	不完全
湿热(105.3℃)	3	101	101	101	完全

在使用高压蒸汽灭菌锅灭菌时，灭菌锅内冷空气的排除是否完全极为重要，因为空气的膨胀压大于水蒸气的膨胀压，所以，当水蒸气中含有空气时，在同一压力下，含空气蒸汽的温度低于饱和蒸汽的温度。灭菌锅内留有不同分量空气时，压力与温度的关系见表 2-11-3。一般培养基用 1.05kgf/cm² （15lbf/in²）的压力，此时的温度是 121.3℃。灭菌 20～30min 后可达到彻底灭菌的目的。

表 2-11-3 为高压灭菌锅留有不同分量空气时，压力与温度的关系。

表 2-11-3　不同压力下高压灭菌锅内冷空气含量与温度之间的关系

压力			全部空气排出时的温度/℃	2/3 空气排出时的温度/℃	1/2 空气排出时的温度/℃	1/3 空气排出时的温度/℃	空气全不排出时的温度/℃
lbf/in²	MPa	kgf/cm²					
5	0.034	0.35	108.8	100	94	90	72
10	0.068	0.70	115.6	109	105	100	90
15	0.103	1.05	121.3	115	112	109	100
20	0.136	1.40	126.2	121	118	115	109
25	0.172	1.75	130.0	126	124	121	115
30	0.207	2.10	134.6	130	128	126	121

培养基通常使用高压蒸汽灭菌法灭菌。一般培养基用 0.1MPa（相当于 15lbf/in^2 或 1.05kgf/cm^2），121.5℃灭菌 15～30min 可达到彻底灭菌的目的。灭菌的温度及维持的时间随灭菌物品的性质和容量等具体情况而有所改变。例如含糖培养基常用 0.06MPa（8lbf/in^2 或 0.59kgf/cm^2），112.6℃灭菌 20min；又如盛于试管内的培养基以 0.1MPa，121.5℃灭菌 20min 即可；而盛于大瓶内的培养基最好以 0.1MPa，121℃灭菌 30min。

紫外线灭菌是利用紫外线的照射，波长为 200～300nm 的紫外线都有杀菌能力，其中以 260nm 的杀菌能力最强。在波长一定的条件下，紫外线的杀菌效率与强度和时间的乘积成正比。紫外线杀菌机制主要是因为它诱导了胸腺嘧啶二聚体的形成和 DNA 链的交联，从而抑制了 DNA 的复制。另一方面，由于辐射能使空气中的氧电离成（O），再使 O$_2$ 氧化生成臭氧（O$_3$）或使水（H$_2$O）氧化生成过氧化氢（H$_2$O$_2$），O$_3$ 和 H$_2$O$_2$ 均有杀菌作用。

紫外线穿透力不大，所以只适用于无菌室、接种箱、超净工作台内的空气及物体表面的灭菌。紫外线灯距照射物以不超过 1.2m 为宜。此外，为了加强紫外线灭菌效果，在打开紫外线灯之前，可在无菌室内（或接种箱内）喷洒 3％～5％的石炭酸溶液，一方面使空气中附着有微生物的尘埃降落，另一方面也可以杀死一部分细菌。无菌室内的桌面、台面、凳子可用 2％～3％的来苏尔擦洗，然后再用紫外线灯照射，即可增强杀菌效果，达到灭菌目的。

过滤除菌是通过机械作用滤去液体或气体中细菌的方法。目前应用较广泛的过滤器有蔡氏过滤器（Seitz filter）和微孔滤膜过滤器（microporous membrane filter）。

蔡氏过滤器由银或铝等金属做成，分为上、下两节，过滤时，用螺旋把石棉纤维和其他填充物紧紧地夹在上、下两节过滤器之间，然后将溶液置于过滤器中抽滤。溶液中的细菌通过石棉纤维的吸附和过滤而被去除，但石棉纤维对溶液中其他物质的吸附性也很大。每次过滤必须用一张新滤板。

微孔滤膜过滤器的结构与蔡氏过滤器相似，由上下两个分别具有出口和入口连接装置的塑料盖盒组成，出口处可连接针头，入口处可连接针筒（图 2-11-1），使用时将滤膜装入两塑料盖盒之间，旋紧盖盒。也可以用一次性不用拆卸的微孔滤膜过滤器。微孔滤膜是一种多孔纤维素（乙酸纤维素或硝酸纤维素），有孔径大小不同的多种规格（如 0.1μm、0.22μm、0.3μm、0.45μm 等），过滤细菌常用 0.22μm 或 0.45μm 孔径的微孔滤膜。当溶液从针筒注入过滤器时，液体和小分子物质通过，细菌被截留在滤膜上，从而达到除菌的目的。但若要将病毒除掉，则需更小孔径的滤膜。微孔滤膜过滤的优点是吸附性小，即溶液中的物质损耗少，滤速快，但由于滤量有限，所以一般只适用于实验室中少量溶液的过滤除菌。

图 2-11-1　微孔滤膜过滤器

微孔滤膜有疏水膜（hydrophobic film）和亲水膜（hydrophilic film）两种：一些受热易分解的溶液或试剂，如抗生素、血清、维生素等常采用亲水膜过滤除菌；一些有机物溶剂则需要用疏水膜过滤除菌。

2.11.3 实验器材

① 培养基：牛肉膏蛋白胨液体培养基、牛肉膏蛋白胨平板。（培养基的配制方法见附录Ⅱ。）

② 溶液及试剂：3%～5%石炭酸或2%～3%来苏尔溶液、2%的葡萄糖溶液、链霉素溶液。（消毒剂的配制方法见附录Ⅰ。）

③ 仪器及其他用具：干热灭菌箱、高压蒸汽灭菌锅、紫外灯、酒精灯、微孔滤膜过滤器、0.22μm滤膜、冰箱、培养皿、试管、镊子、玻璃涂棒、吸管等。

2.11.4 实验方法

2.11.4.1 干热灭菌

① 装入待灭菌物品：将包好的待灭菌物品（培养皿、试管、移液管等）放入干热灭菌箱内（图2-11-2），关好箱门。物品不要摆得太挤，以免妨碍空气流通，灭菌物品不要接触干热灭菌箱箱内壁的铁板，以防包装纸烤焦起火。

图 2-11-2　干热灭菌箱

② 升温：接通电源，拨动开关，打开干热灭菌箱排气孔，旋动恒温调节器至红灯亮，让温度逐渐上升。当温度升至100℃时，关闭排气孔。在升温过程中，如果红灯熄灭，绿灯亮，表示箱内停止加温，此时如果还未达到所需的160～170℃温度，则需转动调节器使红灯再亮，如此反复调节，直至达到所需温度。

③ 恒温：当温度升达到160～170℃时，恒温调节器会自动控制调节温度，保持此温度2h。干热灭菌过程中，严防恒温调节的自动控制失灵而造成安全事故。

④ 降温：切断电源、自然降温。

⑤ 开箱取物：待干热灭菌箱箱内温度降到70℃以下后，打开箱门，取出灭菌物品。注意干热灭菌箱箱内温度未降到70℃，切勿自行打开箱门以免骤然降温导致玻璃器皿炸裂。

2.11.4.2 高压蒸汽灭菌

① 加水：首先将内层锅取出（图2-11-3），再向外层锅内加入清水至水位标记线。切勿

忘记加水，以防灭菌锅烧干而引起炸裂事故。

内层锅

图 2-11-3　高压蒸汽灭菌锅

② 加料：放回内层锅，并装入待灭菌物品。注意不要装得太挤，以免妨碍蒸汽流通而影响灭菌效果。

③ 加盖：将盖上的排气软管插入内层锅的排气槽内。再以两两对称的方式同时旋紧相对的两个螺栓，使螺栓松紧一致，否则易造成漏气，达不到彻底灭菌的目的。

④ 加热：打开排气阀，待锅内的水沸腾、阀门排出的全部是蒸汽时，表明锅内的冷空气已完全排尽，关上排气阀，让锅内的温度随蒸气压力增加逐渐上升。当锅内压力升到所需压力时，维持压力至所需时间。本实验用 $1.05kgf/cm^2$（0.1MPa），121.5℃，灭菌 20min（除含糖培养基用 $0.56kgf/cm^2$ 压力外，一般都用 $1.05kgf/cm^2$ 压力）。灭菌的主要因素是温度而不是压力，因此锅内冷空气必须完全排尽后，才能关上排气阀，维持所需压力。如果排气不彻底，也达不到彻底灭菌的目的。

⑤ 降压：灭菌所需时间达到后，切断电源，让灭菌锅内温度自然下降，当压力表的压力降至"0"时，打开排气阀，旋松螺栓，打开盖子，取出灭菌物品。注意压力一定要降到"0"时，才能打开排气阀，开盖取物。否则就会因锅内压力突然下降，造成容器内外压力不平衡，使培养基喷溅到试管（瓶）塞而发生污染，甚至灼伤操作者。

⑥ 无菌检查：将取出的灭菌培养基，需摆斜面的则摆成斜面，然后放入 37℃恒温培养箱培养 24h，检查是否有杂菌生长。

除高压蒸汽灭菌外，也可在常压进行间歇灭菌。间歇灭菌主要用于一些受高温会被破坏的培养基的灭菌。它是在连续的 3 天内，每天蒸煮一次，100℃煮 30～60min 后冷却，置于 37℃培养 24h，次日再蒸煮一次，重复前一天的工作，第三天蒸煮后基本能达到灭菌的目的，但为确保无菌仍要置于 37℃培养 24h，确认无菌方可使用。

2.11.4.3　紫外线灭菌

(1) 单用紫外线照射

① 在无菌室或超净工作台（图 2-11-4）内打开紫外灯开关，照射 30min，将开关关闭。

② 将牛肉膏蛋白胨半皿盖打开 15min，然后盖上皿盖，置 37℃培养 24h。共做四套，

图 2-11-4　超净工作台

其中一套不开盖为对照。

③检查每个平皿上生长的菌落数。如果不超过 4 个，说明灭菌效果良好，否则，需延长照射时间或同时加强其他灭菌措施。

(2) 化学消毒剂与紫外线照射结合使用

①在无菌室或在超净工作台内，先喷洒 3%～5% 的石炭酸溶液，再用紫外灯照射 15min。

②无菌室内的桌面或超净工作台面、凳子用 2%～3% 来苏尔擦洗，再打开紫外灯照射 15min。

③检查灭菌效果（方法同"单用紫外线照射"）。由于紫外线对眼睛的结膜及视神经有损伤作用，对皮肤有刺激作用，因此不能在紫外线灯光下操作，更不能直视紫外灯光。

2.11.4.4　过滤除菌

①组装、灭菌：将 0.22μm 孔径的滤膜装入清洗干净的塑料滤器中，旋紧压平，包装灭菌（0.1MPa，121.5℃灭菌 20min）后待用。

②连接：在无菌条件下，将灭菌过滤器的入口连接于装有待滤溶液（2% 葡萄糖溶液）的注射器上。

③压滤：加压，使注射器中的待滤溶液通过滤膜到无菌试管中。压滤时，用力要适当，不可太猛太快，以免待滤溶液从连接处渗漏。大量溶液过滤时，为加快过滤速度，一般用负压抽气过滤，可接真空泵进行抽滤（图 2-11-5）。

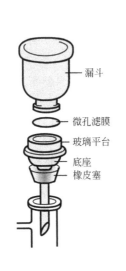

图 2-11-5　真空抽滤装置

④无菌检查：在无菌条件下，吸取除菌滤液 0.1mL 于牛肉膏蛋白胨平板上，涂布均匀，置 37℃ 恒温培养箱中培养 24h，检查是否有菌生长。

用过的滤膜或一次性微孔滤膜过滤器经高压灭菌后，统一处理。

2.11.5　注意事项

① 干热灭菌法适用于玻璃器皿，如试管、培养皿、锥形瓶、移液管等。

② 干热灭菌时，灭菌箱中物品不要摆得太拥挤，以免阻碍空气流通而影响灭菌效果。灭菌物品不要与干热灭菌箱箱内壁的铁板接触，以免包装纸烤焦起火。

③ 干热灭菌时温度不得超过180℃，以免包装纸烧焦。灭菌好的器皿应保存好，切勿弄破包装纸，否则会染菌。

④ 湿热灭菌法适用于培养基、离心管、移液枪头、无菌水等。

⑤ 使用灭菌锅应严格按照操作程序进行，避免发生事故。灭菌时，操作者切勿擅自离开，务必待压力下降到"0"后，才可打开锅盖。

⑥ 湿热灭菌的灭菌温度及维持的时间，随灭菌物品的性质和容量等具体情况而有所改变。

⑦ 紫外线灭菌要注意个人防护（佩戴防紫外线眼镜）。

⑧ 过滤除菌时应注意检查过滤装置各连接处是否漏气，以防污染。

2.11.6　实验报告

① 记录各种不同物品所用的灭菌方法及灭菌条件（温度、压力等）。

② 试述高压蒸汽灭菌的操作过程及注意事项。

③ 分析实验结果，讨论实验指导书中提出的思考题，写出心得与体会。

2.11.7　思考题

① 灭菌在微生物实验操作中有何重要意义？

② 培养基配制完成后，为什么必须立即灭菌？若不能及时灭菌应如何处理？已灭菌的培养基如何进行无菌检查？

③ 干热灭菌完毕后，在什么情况下才能开箱取物？为什么？

④ 在干热灭菌操作过程中应注意哪些问题？为什么？

⑤ 高压蒸汽灭菌的原理是什么？

⑥ 高压蒸汽灭菌开始之前，为什么要将锅内冷空气排尽？灭菌完毕后，为什么待压力降至"0"时才能打开排气阀，开盖取物？

⑦ 为什么干热灭菌比湿热灭菌所需要的温度要高，时间要长？请设计干热灭菌和湿热灭菌效果比较的实验方案。

⑧ 紫外线杀菌的原理是什么？在操作过程中应注意哪些问题？

⑨ 细菌营养细胞和细菌芽孢对紫外线的抵抗力一样吗？为什么？

⑩ 在紫外灯下观察实验结果时，为什么要隔一块普通玻璃？

⑪ 过滤除菌应注意哪些问题？

⑫ 如果你需要配制一种含有某抗生素的牛肉膏蛋白胨培养基，其抗生素的终浓度（或工作浓度）为$50\mu g/mL$，你将如何操作？

⑬ 比较各种灭菌方法的原理及适用范围。

参考文献

[1] 周群英，高廷耀.环境工程微生物学 [M].第2版.北京：高等教育出版社，2000.

[2] 沈萍，陈向东.微生物学实验 [M].第4版.北京：高等教育出版社，2007.

[3] 郭素枝.电子显微镜技术与应用 [M].厦门：厦门大学出版社，2008.

[4] 曹汉民.生物电子显微镜实验技术 [M].上海：华东师范大学出版社，1990.

[5] 付洪兰.实用电子显微镜技术 [M].北京：高等教育出版社，2004.

[6] 周德庆.微生物学实验教程 [M].第2版.北京：高等教育出版社，2009.

[7] 卢圣栋.现代分子生物学实验技术 [M].第2版.北京：中国协和医科大学出版社，1999.

[8] 郑平.环境微生物学实验指导 [M].杭州：浙江大学出版社，2005.

[9] 方德华，魏新元，申鸿.微生物实验技术 [M].北京：高等教育出版社，2000.

[10] 黄亚东，时小艳.微生物实验技术 [M].北京：中国轻工业出版社，2013.

[11] 钱存柔，黄仪秀.微生物学实验教程 [M].北京：北京大学出版社，1999.

[12] 杨革.微生物学实验教程 [M].第2版.北京：科学出版社，2010.

3 环境微生物学应用技术

本章的教学目的是加强环境微生物学基本操作技能的训练，如环境微生物的分离与纯化技术、微生物接种技术、微生物菌种保藏技术、厌氧微生物的培养技术、微生物营养要求的测定、细菌生长曲线的测定、微生物的生理生化试验、活性污泥与土壤脱氢酶活性的测定、土壤微生物呼吸速率的测定、水中细菌总数的测定、水体总大肠菌群的测定、藻类叶绿素 a 的测定、荧光原位杂交实验、活性污泥中微生物总 DNA 的提取以及微生物 16S rRNA 基因的 PCR 扩增技术等。通过这些实验，学生能够掌握环境微生物学的基本操作技术，为后续课程的实验、毕业论文以及将来的科研和实际工作打好基础。

3.1 环境微生物的分离和纯化技术

3.1.1 实验目的

① 学习从环境中分离、培养微生物的常用方法；
② 掌握几种微生物分离和纯化技术。

3.1.2 实验原理

在土壤、水、空气、动物体、植物体中，不同种类的微生物绝大多数都是混杂生活在一起，当我们希望获得某一种微生物时，就必须从混杂的微生物类群中分离它，以得到只含有这一种微生物的纯培养（pure culture）。在进行菌种鉴定时，所用的微生物一般均要求为纯的培养物。得到纯培养物的过程或方法称为微生物的分离与纯化。

分离、纯化微生物的方法有很多，常用的方法有两类。一类是使用显微操作器（micromanipulator）的单细胞挑取法，采用这种方法能获得微生物的克隆纯种，但对仪器条件要求较高；另一类是单菌落分离（平板分离）法，该方法操作简单，普遍用于微生物的分离与纯化。其原理包括以下两方面。

① 在适合待分离微生物的生长条件下（如营养物质、酸碱度、温度与氧含量等）培养

微生物，或加入某种抑制剂造成只利于待分离微生物的生长，而抑制其他微生物生长的环境，从而淘汰一些不需要的微生物。

② 微生物在固体培养基上生长形成的单个菌落可以是由一个细胞繁殖而成的集合体，因此可通过挑取单菌落而获得纯培养。

通过形成单菌落获得纯培养物的方法有稀释倾注平板法、稀释涂布平板法、平板划线分离法等。但是从微生物群体中经分离生长在平板上的单个菌落并不一定保证是纯培养。因此，纯培养物除观察其菌落的特征外，还要结合显微镜检测个体形态特征后才能确定。有的微生物的纯培养物要经过一系列分离与纯化过程和多种特征鉴定才能得到。

3.1.3 实验器材

① 土样：取表层以下 5～10cm 处的土样，放入无菌的纸袋或塑料袋中备用，或放在 4℃冰箱中暂存。

② 培养基：高氏 1 号琼脂培养基、牛肉膏蛋白胨琼脂培养基、马丁氏琼脂培养基。（培养基的配制方法见附录Ⅱ。）

③ 试剂：10%酚、结晶紫染液、番红染液、碘液、95%乙醇、5%孔雀绿染液、0.5%番红水染液、3%过氧化氢水溶液、链霉素、蒸馏水等。（各种染料及试剂的配制方法见附录Ⅲ、附录Ⅳ。）

④ 仪器及其他用具：超净工作台、普通光学显微镜、高压灭菌锅、恒温培养箱、电子天平、酒精灯、烧杯、量筒、移液枪（枪头）、盛 9mL 无菌水的试管、盛 90mL 无菌水并带有玻璃珠的锥形瓶、无菌培养皿、无菌吸管、称量纸、药匙、接种环、接种针、玻璃涂棒、载玻片、吸水纸、滤纸、记号笔、pH 试纸等。

3.1.4 实验方法

3.1.4.1 稀释倾注平板法（pour-plate method）

（1）制备土壤稀释液

称取土样 10g（或水样 10mL），放入盛有 90mL 无菌水并带有玻璃珠的锥形瓶中，振荡 20min，使土样与水充分混合，将菌分散。用移液枪从中吸取 1mL 土壤悬液注入盛有 9mL 无菌水的试管中，吹吸三次，使其充分混匀。然后再用移液枪从此试管中吸取 1mL 注入另一盛有 9mL 无菌水的试管中，以此类推制成 10^{-1}、10^{-2}、10^{-3}、10^{-4}、10^{-5}、10^{-6} 各种稀释度的土壤溶液。土壤稀释液的制备过程如图 3-1-1 所示。

（2）倒平板

将每种培养基的三个平板底面分别用记号笔标明 10^{-4}、10^{-5} 和 10^{-6} 三种稀释度。用移液枪从浓度小的稀释度为 10^{-6} 的菌液开始，以 10^{-6}、10^{-5}、10^{-4} 为序分别吸取 0.5mL 菌液于相应编号的培养皿内（每次吸取前，用移液枪在菌液中吹泡使菌液充分混匀）。当加热熔化的培养基冷至 45℃左右时，右手拿装有培养基的锥形瓶，左手拿培养皿，以中指、无名指和小指托住皿底，拇指和食指夹住皿盖，靠近火焰，将皿盖掀开，倒入培养基约 15mL（倒入量以铺满皿底为限），然后将培养皿平放在桌上，顺时针和逆时针来回转动培养皿，使培养基和菌液充分混匀，而又不使培养基荡出平皿或溅到平皿盖上，稀释倾注平板法操作过程如图 3-1-2 所示。

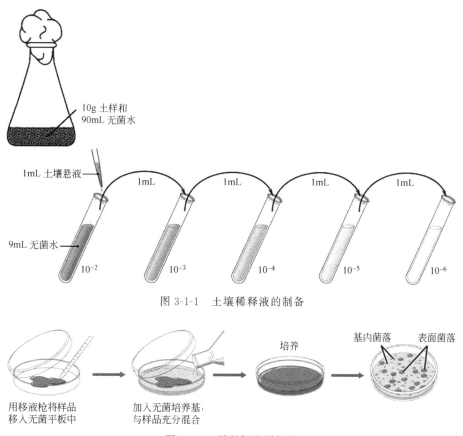

图 3-1-1　土壤稀释液的制备

图 3-1-2　稀释倾注平板法

（3）培养

待培养基凝固后，将牛肉膏蛋白胨平板倒置于 37℃ 恒温培养箱中（以免培养过程中皿盖冷凝水滴下，冲散已分离的菌落），培养 1～2d，高氏 1 号琼脂培养基和马丁氏琼脂培养基平板倒置于 28℃ 恒温培养箱中培养 3～5d 后，再挑取单个菌落，直至获得纯培养。

3.1.4.2　稀释涂布平板法（spread-plate method）

将含菌材料先加到平板中再倒入较烫的培养基，易造成某些热敏感菌的死亡，而且采用稀释倾注平板法也会使一些严格好氧微生物因被固定在琼脂中间缺乏氧气而影响其生长，因此在微生物学研究中更常用的纯种分离方法是稀释涂布平板法。其操作方法如下。

（1）倒平板

分别将牛肉膏蛋白胨琼脂培养基、高氏 1 号琼脂培养基、马丁氏琼脂培养基熔化，待冷至 55～60℃ 时，向高氏 1 号琼脂培养基中加入 10% 酚数滴，向马丁氏琼脂培养基中加入链霉素溶液，使链霉素最终浓度为 3μg/mL。然后分别倒平板，每种培养基倒三皿，其方法是右手持盛培养基的试管或锥形瓶，置火焰旁边，左手拿平皿并松动试管塞或瓶塞，用手掌边缘和小指、无名指夹住拔出，如果试管内或锥形瓶内的培养基可一次用完，则试管塞或瓶塞不必夹在手指中。试管（瓶）口在火焰上灭菌，然后左手将培养皿盖在火焰附近打开一条缝，迅速倒入培养基约 15mL，加盖后轻轻摇动培养皿，使培养基均匀分布，平置于桌面上，待凝固后即成平板。也可将平皿放在火焰附近的桌面上，用左手的食指和中指夹住管塞并打开培养皿，再倒入培养基，摇匀后制成平板。最好是将平板室温放置 2～3d，或 37℃ 培养 24h，检查无菌落及皿盖无冷凝水后再使用。

（2）制备土壤稀释液

将 1 瓶 90mL 和 5 管 9mL 的无菌水排列好，按 10^{-1}、10^{-2}、10^{-3}、10^{-4}、10^{-5} 及 10^{-6} 依次编号。称取土样 10g（或水样 10mL）置于第一瓶 90mL 无菌水（内含玻璃珠）中，用移液枪吹吸三次，手摇 5～10min，将颗粒状样品充分打散。即为 10^{-1} 浓度的菌悬液。用移液枪吸取 1mL 10^{-1} 浓度的菌悬液于一管 9mL 无菌水中，吹吸三次，摇匀即为 10^{-2} 浓度的菌悬液，同样方法，依次稀释到 10^{-6}。土壤稀释液的制备过程见图 3-1-1。

（3）涂布

将前述每种培养基的三个平板底面分别用记号笔标明 10^{-4}、10^{-5} 和 10^{-6} 三种稀释度，然后用移液枪分别从 10^{-4}、10^{-5} 和 10^{-6} 三管土壤稀释液中各吸取 0.2mL，依次滴加于相应标号平板培养基表面中央位置。在火焰旁左手拿培养皿，并用食指与拇指将皿盖打开一缝，右手持无菌玻璃涂棒（用酒精棉球擦拭并灼烧灭菌）于平板培养基表面上，将菌悬液自平板中央以同心圆方向轻轻向外涂布扩散，使之均匀分布。室温下静置 5～10min，使菌液浸入培养基。注意：每个稀释度用一个灭菌玻璃涂棒，在由低向高浓度涂布时，可不用更换玻璃涂棒。

（4）培养

将高氏 1 号琼脂培养基平板和马丁氏琼脂培养基平板倒置于 28℃ 恒温培养箱中培养 3～5d，牛肉膏蛋白胨琼脂平板倒置于 37℃ 恒温培养箱中培养 2～3d。观察菌落形态及计数菌落，并计算出每克土壤中微生物的数量。如果样品稀释适当的话，微生物能一一分散，经培养后，可在平板表面得到单菌落。

稀释涂布平板法如图 3-1-3 所示。

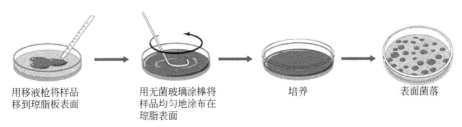

用移液枪将样品　　　　用无菌玻璃涂棒将　　　　培养　　　　表面菌落
移到琼脂板表面　　　　样品均匀地涂布在
　　　　　　　　　　　琼脂表面

图 3-1-3　稀释涂布平板法

3.1.4.3　平板划线分离法（streak plate method）

（1）倒平板

按稀释涂布平板法倒平板，并用记号笔标明培养基名称、土样编号和日期。

（2）平板划线

在近火焰处，用接种环挑取上述 10^{-2} 的土壤悬液一环，左手拿培养皿，中指、无名指和小指托住皿底，拇指和食指夹住皿盖，将培养皿稍微倾斜，左手拇指和食指将皿盖半开，右手将接种环伸入培养皿内，在平板上轻轻划线（图 3-1-4）。划线完毕，将牛肉膏蛋白胨琼脂培养基平板倒置于 37℃ 恒温培养箱中培养 1～2d（分离细菌），高氏 1 号琼脂培养基平板和马丁氏琼脂培养基平板倒置于 28℃ 恒温培养箱中培养 3～5d（分离放线菌、酵母菌及霉菌）。培养后在划线平板上观察沿划线处长出的菌落形态特征，经涂片、染色和镜检确定为纯种后再接种斜面。

平板划线方式很多，但无论采用哪种方式，其目的都是通过划线将样品在平板上进行适当稀释，使之形成单个菌落（即由一个菌体细胞繁殖而形成的孤立菌落）。常用的划线分离方式有以下两种。

① 分区划线法：在无菌条件下，用接种环挑取 10^{-2} 土壤悬液一环，先在平板培养基的一边进行第一次平行划线 3～4 条，再转动培养皿，约 $60°$ 角，并将接种环上剩余菌烧掉，待冷却后通过第一次划线部分进行第二次平行划线，再用同样的方法通过第二次划线部分进行第三次划线和通过第三次平行划线部分进行第四次平行划线（图 3-1-4）。划线完毕后，盖上培养皿盖，倒置于恒温培养箱中培养。分区划线法用于较浓的菌样时，分数次划线，每次划线后要烧接种环，然后再划下一区。

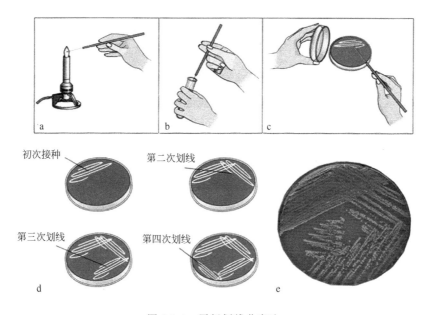

图 3-1-4　平板划线分离法

② 连续划线法：在无菌条件下，用接种环挑取 10^{-2} 土壤悬液一环，在平板培养基上连续划线，当接种环在培养基表面上往后移动时，接种环上的菌液逐渐稀释，最后在所划的线上分散着单个细胞，经培养，每一个细胞长成一个菌落。

两种划线分离方式比较如图 3-1-5 所示。

划线后取出接种环，烧死多余菌体。注意接种环勿划破或嵌入培养基，前后两条划线不宜重叠，要疏密适中，以免长成菌苔，并能充分利用平板表面。划线完毕后，盖上皿盖，倒置于温室中培养。

（3）挑菌

同稀释涂布平板法。

3.1.4.4　微生物的纯化（挑取单菌落）

采用平板分离培养法长出的菌落肉眼可见，不同菌株的菌落形态特征各异，据此可在一定程度上鉴别微生物。从分离平板中选取目的菌株的菌落，可进一步纯化培养。

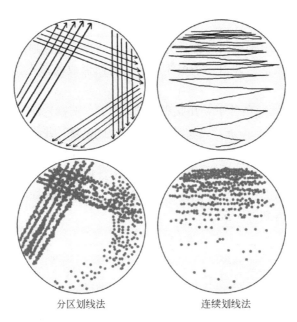

分区划线法　　　　　　　连续划线法

图 3-1-5　分区划线法与连续划线法比较

　　将上述培养后长出的单个菌落分别挑取接种到三种培养基上，分别置于 28℃ 和 37℃ 恒温培养箱中培养 1~5d，待菌落长出后，检查其特征是否一致，同时将细胞涂片染色后用显微镜检查是否是单一的微生物，若有其他杂菌，就要再一次进行分离、纯化，直到获得纯培养。

　　观察的菌落特征主要有：大小、表面形状、隆起度、边缘性状、菌落形状、表面光泽、菌落质地、颜色、透明度等，有时还要结合气味观察。例如，细菌和酵母菌的菌落表面较湿润，细菌菌落薄而小，酵母菌菌落厚而大；放线菌和霉菌的菌落表面较干燥，放线菌菌落密而小、菌丝细，霉菌菌落疏而大、菌丝粗等。

3.1.5　注意事项

　　① 一般土壤中，细菌最多，放线菌及霉菌次之，而酵母菌主要见于果园及菜园土壤中，故从土壤中分离细菌时，要取较高的稀释度，否则菌落连成一片不能计数。

　　② 微生物的分离操作需在经紫外灯灭菌的无菌操作室、无菌操作箱或超净工作台等环境下进行。实验台面要求一定光滑、水平。光滑便于用消毒剂擦洗，水平是为了倒琼脂培养基时，培养皿内平板的厚度保持一致。在实验台上方，空气流动应缓慢，其周围杂菌也应越少越好。为此，必须清扫室内，关闭实验室的门窗，并用消毒剂进行空气消毒处理，尽可能地减少杂菌的数量。

　　③ 平板不能倒的太薄，最好在使用前一天倒好。

　　④ 为了防止平板表面产生冷凝水，倒平板前培养基温度不能太高（放线菌的培养时间较长，故制平板的培养基用量可适当增多）。

　　⑤ 空气中的杂菌在气流小的情况下，会随着灰尘落下，所以接种时，应尽量缩短打开培养皿的时间。

　　⑥ 倒平板时需做"对照"，即不含样品，只含培养基的平板。

⑦ 划线分离时接种环口与平板间的夹角应小些，动作要轻巧，以防划破平板。

⑧ 用于平板划线的培养基，琼脂含量宜高些（2%左右），否则会因平板太软而划破。

⑨ 使用过的玻璃器皿要在 121℃ 高压灭菌 20min 后，才能洗净、烘干，供下次使用。

3.1.6　实验报告

① 计算出每克土壤中的细菌、放线菌和霉菌的数量。选择长出菌落数 30～300 之间的培养皿进行计数。按以下公式计算。

$$总菌数/g＝同一稀释度几次重复的菌落平均数/g×稀释倍数$$

② 列表比较各种分离方法及注意事项。

③ 实验结果分析，结合思考题写出心得与体会。

3.1.7　思考题

① 为什么高氏 1 号琼脂培养基和马丁氏琼脂培养基中要分别加入酚和链霉素？如果用牛肉膏蛋白胨琼脂培养基分离一种对青霉素具有抗性的细菌，你认为应如何做？

② 分离活性污泥为什么要稀释？

③ 稀释分离时，为何要将熔化的培养基冷却到 50℃ 左右，才倒入装有菌液的培养皿内？

④ 在划线分离时，为什么每次都需要将接种环上的剩余物烧掉？划线为何不能重？

⑤ 平板培养时为什么要把培养皿倒置？

⑥ 在你所做实验中的三种培养基平板上长出的菌落分属于哪个类群？简述它们的菌落形态特征。

3.2　微生物接种技术

3.2.1　实验目的

① 了解无菌操作在微生物接种过程中的重要性；

② 掌握几种常用的微生物接种方法。

3.2.2　实验原理

将有菌的材料或纯粹的菌种转移到另一无菌的培养基上的过程称为接种（inoculation）。微生物接种技术是进行微生物实验和相关研究的基本操作技能，无菌操作是微生物接种技术的关键。微生物的接种方法，因使用不同的容器、不同的培养基以及不同的培养方法而有所不同，如斜面接种、液体接种、固体接种及穿刺接种等，其目的都是为了获得生长良好的纯种微生物。

由于接种方法不同，采用的接种工具也有区别，如固体斜面培养转接时用接种环、穿刺接种时用接种针、液体转接用移液枪等。接种环和接种针等总长约 25cm，环、针、钩的长为 4.5cm，可用白金丝或镍丝制成。上述工具以白金丝最为理想，其特点是：在火焰上灼烧红得快，离开火焰后冷得快，不易氧化且无毒，但价格昂贵。一般使用较多的是镍丝。接种环的柄为金属材料，其后端套上绝热材料套。柄也可用玻璃棒制作。由于接种要求或方法的不同，接种针的针尖部常做成不同的形状，有刀形、耙形等。有时滴管、吸管也可作为接种工具进行液体接种。在固体培养基表面要将菌液均匀涂布时，需要用到涂棒。

常用接种和分离工具如图 3-2-1 所示。

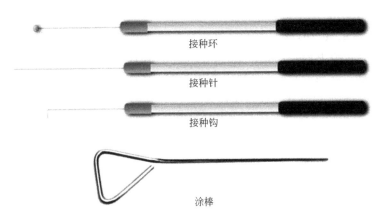

图 3-2-1　常用接种和分离工具

3.2.3　实验器材

① 菌种：大肠杆菌（*Escherichia coli*）、酿酒酵母（*Saccharomyces cerevisiae*）、青霉菌（*Penicillium*）、细黄链霉菌（*Streptomyces microflavus*）。

② 培养基：PDA（马铃薯葡萄糖琼脂培养基）平板及斜面、牛肉膏蛋白胨琼脂平板及斜面培养基、牛肉膏蛋白胨液体及试管半固体培养基。（培养基的配制方法见附录Ⅱ。）

③ 仪器及其他用具：超净工作台、恒温培养箱、振荡培养箱、接种环、接种针。

3.2.4　实验方法

3.2.4.1　斜面接种技术

斜面接种是从已生长好的菌种斜面上挑取少量菌种移植至另一新鲜斜面培养基上的一种接种方法。常用的接种工具有接种环、接种针等。具体操作如下。

（1）接种前准备

将桌面擦净，将接种所需的物品整齐有序地放在桌上。

（2）贴标签

接种前在试管上贴上标签，注明菌名、接种日期、接种人姓名等，贴在距试管口约 2～3cm 的位置。（若用记号笔标记则不需标签。）

（3）点燃酒精灯

（4）接种

用接种环将少许菌种移接到贴好标签的试管斜面上。操作必须在无菌条件下进行。具体操作如图 3-2-2 所示。

① 手持试管：将菌种和待接斜面的两支试管用大拇指和其他四指握在左手中，拇指压住两支试管，使两支试管呈"V"字形，斜面向上，管口齐平。

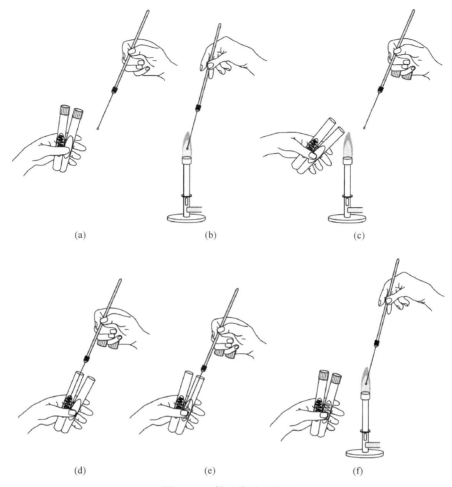

图 3-2-2　斜面接种示意图

② 旋松管塞：用右手将硅胶管塞或塑料管盖松动，以便接种时拔出。

③ 取接种环：用右手拿接种环，在火焰外焰处将接种环烧红，然后将接种环来回通过火焰数次。（环以上凡是可能进入试管的部分都应灼烧。）

④ 拔管塞：用右手的小指、无名指和手掌边夹住试管塞，先后取下菌种管和待接试管的管塞，并持于手中。试管口在火焰上微烧一周，将管口上可能沾染的少量菌或带菌尘埃烧掉（切勿烧得过烫）。

⑤ 接种：将灼烧灭菌的接种环伸入管内，先接触一下没长菌的培养基，使接种环冷却以免烫死菌体，然后在菌苔上轻轻地接触，刮下少许培养物，将接种环慢慢抽出，并迅速伸入另一个培养基的斜面管底部，沿斜面划曲线或直线，方向是从下部开始，一直划至上部。

注意划线要轻，不可把培养基划破，勿使菌体污染管壁。

⑥ 塞管塞：灼烧试管口，并在火焰旁将管塞旋上。不要用试管去迎试管塞，以免试管在移动时纳入不洁空气。

⑦ 接种环灭菌：将接种环烧红灭菌。放下接种环，再将试管塞旋紧。

（5）培养

30℃恒温培养，细菌培养 48h，放线菌、霉菌培养至孢子成熟方可取出保存。

3.2.4.2 平板接种技术

平板接种是观察菌落形态、分离纯化菌种、活菌计数以及在平板上进行各种试验时采用的一种接种方法。可分为下面几种。

（1）斜面接平板

接种前的准备参照 3.2.4.1 斜面接种技术。接种具体操作如图 3-2-3 所示：

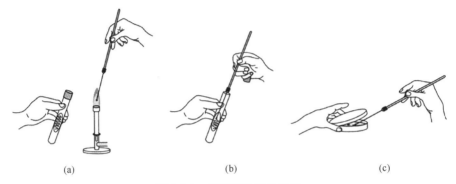

(a)　　　　　　　　　　　(b)　　　　　　　　　　　(c)

图 3-2-3　斜面接平板示意图

①手持试管：将菌种试管用大拇指和其他四指握在左手中，拇指压住试管，斜面向上。

② 旋松管塞：用右手将硅胶管塞或塑料管盖松动，以便接种时拔出。

③ 取接种环：用右手拿接种环，在火焰外焰处将接种环烧红，然后将接种环来回通过火焰数次。（环以上凡是可能进入试管的部分都应灼烧。）

④ 拔管塞：用右手的小指和无名指夹住试管塞，取下，并持于手中。试管口在火焰上微烧一周，将管口上可能沾染的少量菌或带菌尘埃烧掉（切勿烧得过烫）。

⑤ 接种：将灼烧灭菌的接种环伸入管内，先接触一下没长菌的培养基，使接种环冷却以免烫死菌体，然后在菌苔上轻轻地接触，刮下少许培养物，将接种环慢慢抽出，在待接种平板表面划线接种，划线方法参照 3.1.4.3 平板划线分离法，然后盖上皿盖。

注意划线要轻，不可把培养基划破。如果观察霉菌或酵母细胞，亦可用点种法，轻轻点在平板的表面（根霉点 1 点，曲霉、酵母可点 3～4 点）。

⑥ 接种环灭菌：将接种环烧红灭菌。放下接种环，再将试管塞旋紧。

⑦ 培养：将平板倒置于 30℃ 恒温培养箱中培养 48h。

（2）平板接斜面

平板接斜面的目的是将经平板分散培养得到的单菌落接种到斜面，以便鉴定、扩大培养、保存。接种具体操作如图 3-2-4 所示：

① 取接种环：用右手拿接种环，在火焰外焰处将接种环烧红，然后将接种环来回通过火焰数次。（环以上凡是可能进入试管的部分都应灼烧。）

② 取菌：在火焰边，用左手将皿盖打开；将灼烧灭菌的接种环伸入平皿内，先接触一下没长菌的培养基表面，使接种环冷却以免烫死菌体，然后挑选单个菌落，轻轻刮下少许培养物；盖皿盖。

③ 接种：将待接种试管用大拇指和其他四指握在左手中，拇指压住试管，斜面向上；用右手的小指和无名指夹住试管塞，取下，并持于手中；试管口在火焰上微烧一周，将管口上可能沾染的少量菌或带菌尘埃烧掉（切勿烧得过烫）；将接种环伸入到斜面管底部，沿斜面划曲线或直线，方向是从下部开始，一直划至上部。

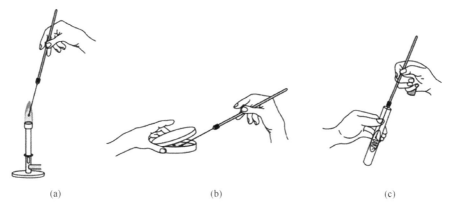

图 3-2-4　平板接斜面示意图

④ 接种环灭菌：将接种环烧红灭菌。放下接种环，再将试管塞旋紧。

⑤ 培养：将斜面置于 30℃ 恒温培养箱中培养 48h。

斜面接种和平板接种长出的菌苔形态如图 3-2-5 所示。

3.2.4.3　液体接种技术

① 用斜面菌种接种液体培养基时，有下面两种情况。

如接种量小，可用接种环取少量菌体移入含培养基的容器（试管或锥形瓶等）中，将接种环在液体表面振荡或在器壁上轻轻摩擦，使菌体分散，抽出接种环，塞

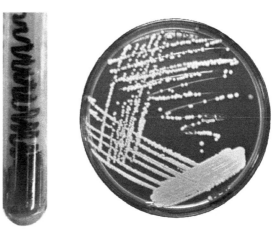

图 3-2-5　斜面接种和平板接种长出的菌苔形态

好试管塞、培养容器塞。摇动培养容器，使菌体均匀分布在液体培养基中。

如接种量大，可先在菌种斜面中注入一定量无菌水，用接种环将菌苔刮下碾开，再将菌悬液倒入液体培养基中，倒前需将试管口在火焰上灼烧灭菌。

② 用液体培养物接种液体培养基时，可在无菌的条件下，用无菌的吸管、移液管或移液枪吸取菌液，接种。

3.2.4.4　穿刺接种技术

穿刺接种技术是一种用接种针从菌种斜面上挑取少量菌体并把它穿刺到固体或半固体的深层培养基中的接种方法。经穿刺接种后的菌种常作为保藏菌种的一种形式，同时也能检查细菌运动能力。它只适宜于细菌和酵母的接种培养。做穿刺接种时，用的接种工具是接种针。具体操作如下：

（1）贴标签

接种前在试管上贴上标签，注明菌名、接种日期、接种人姓名等，贴在距试管口约 2～3cm 的位置。（若用记号笔标记则不需标签。）

（2）点燃酒精灯

（3）穿刺接种

① 手持试管；

② 旋松棉塞；

③ 右手拿接种针在火焰上将针端烧红灭菌（在穿刺中可能伸入试管的其他部位也灼烧灭菌）；

④ 用右手的小指和手掌边拔出棉塞，让接种针先在没长菌的培养基部分冷却，再用针尖挑取少量菌种；

⑤ 接种有两种手持操作法。一种是水平法，它类似于斜面接种法；一种则称垂直法。无论哪种手持操作方法，穿刺时所用接种针都必须自培养基中心垂直地刺入半固体培养基中。穿刺时要做到手稳，动作轻巧快速，并且要将接种针穿刺到接近试管的底部（不要刺到底部），然后沿原刺入路线抽出接种针，注意不要让接种针移动。最后塞上棉塞，再将接种针上残留的菌在火焰上烧掉。

（4）培养

将接种过的试管直立于试管架上，放在37℃或28℃恒温培养箱中培养。24h后观察结果（注意：若具有运动能力的细菌，它能沿着接种线向外运动而弥散，故形成的穿刺线较粗而散，反之则细而密）。

3.2.5　注意事项

① 接种时一定要保证无菌环境，试管塞打开后要迅速取菌。

② 不要用手触碰接种环顶部。

③ 接种环烧红后，要先接触一下没长菌的培养基，使接种环冷却以免烫死菌体。

④ 接种环用过后，一定要在火焰上烧红灭菌（将接种环从柄部至环端逐渐通过火焰，不要直接烧环，以免残留在接种环上的菌体爆溅形成气溶胶污染空间）。

3.2.6　实验报告

观察记录所有接种培养的微生物形态特征、生长情况，并填入表3-2-1。

表 3-2-1　所有接种培养的微生物情况

观察项目	菌名(细菌)	菌名(放线菌)	菌名(霉菌)	菌名(酵母菌)
形状				
突起				
色素				
大小				
透明程度				
气味				
干湿度				

3.2.7　思考题

① 接种前后为什么要灼烧接种环？微生物接种为什么要在无菌条件下进行？

② 斜面接种取菌前为什么要将灼烧过的接种环在无菌培养基上沾一下？

③ 为什么要接种环冷却后才能与菌种接触？是否可以将接种环放在台子上冷却？

④ 如何判断接种环是否已经冷却？

⑤ 接种应注意哪些环节才能避免杂菌污染？

⑥ 穿刺接种时能否将接种针直接穿透培养基？

3.3 微生物菌种保藏技术

3.3.1 实验目的

① 学习常用微生物菌种保藏方法；

② 掌握两种以上微生物菌种保藏操作技术。

3.3.2 实验原理

纯培养所得到的每个菌种都具有自己的特性，例如形态、生理、生化、血清学和遗传特性等。菌种在使用及接种传代过程中容易发生污染、变异甚至死亡，造成菌种的衰退，并有可能使优良菌种丢失。菌种保藏的重要意义就在于尽可能保持其原有特性和活力的稳定，确保菌种不死亡、不变异、不被污染，以满足研究、交换和使用等方面的需要。

无论采用何种保藏方法，首先应该挑选典型菌种的优良纯种来进行保藏，最好保藏它们的休眠体，如分生孢子、芽孢等。其次，应根据微生物生理、生化特点，人为地创造环境条件，使微生物长期处于代谢不活泼、生长繁殖受抑制的休眠状态。这些人工造成的环境主要是干燥、低温和缺氧，另外，避光、缺乏营养、添加保护剂或酸度中和剂也能有效提高保藏效果。

水分对生化反应和一切生命活动都至关重要，因此，干燥尤其是深度干燥，在菌种保藏中占有首要地位。五氧化二磷（P_2O_5）、无水氯化钙（$CaCl_2$）及硅胶（$mSiO_2 \cdot nH_2O$）等都是良好的干燥剂，而高度真空则可以同时达到驱氧和深度干燥的双重目的。

低温是菌种保藏中的另一重要条件。微生物生长的温度下限约在$-30℃$，可是在水溶液中能进行酶促反应的温度下限则可达到$-140℃$左右。即只要有水分存在，即使是在低温的条件下，微生物仍可以进行代谢。因此，低温必须与干燥结合，才具有良好的保藏效果。

另外，在适宜的介质中冷冻，可以减少对细胞的损伤。例如，0.5mol/L左右的甘油（$C_3H_8O_3$）或二甲基亚砜［$(CH_3)_2SO$］可透入细胞，并通过强烈的脱水作用而保护细胞；大分子物质如糊精、血清白蛋白、脱脂牛奶或聚乙烯吡咯烷酮（PVP）虽不能透入细胞，但可能是通过与细胞表面结合的方式而防止细胞膜受冻伤。

微生物菌种保藏方法大致可分为以下几种。

① 传代培养保藏法如斜面培养、穿刺培养、疱肉培养基培养等（后者作保藏厌氧细菌用），培养后于4～6℃冰箱内保存。

② 液体石蜡覆盖保藏法是传代培养的变相方法，能够适当延长保藏时间，它是在斜面培养物和穿刺培养物上面覆盖灭菌的液体石蜡，一方面可防止因培养基水分蒸发而引起菌种死亡，另一方面可阻止氧气进入，以减弱代谢作用。

③ 载体保藏法是将微生物吸附在适当的载体上，如土壤、沙子、硅胶、滤纸，而后进行干燥的保藏法，例如砂土保藏法和滤纸保藏法应用相当广泛。

④ 寄主保藏法用于目前尚不能在人工培养基上生长的微生物，如病毒、立克次氏体、螺旋体等，它们必须在活的动物、昆虫或鸡胚内感染并传代，此法相当于一般微生物的传代培养保藏法。病毒等微生物亦可用其他方法如液氮保藏法与冷冻干燥保藏法进行保藏。

⑤ 冷冻保藏法可分低温冰箱（$-30 \sim -20℃$，$-80 \sim -50℃$）、干冰-酒精快速冻结（约$-70℃$）和液氮（$-196℃$）保藏法等。

⑥ 冷冻干燥保藏法是先使微生物在极低温度（$-70℃$左右）下快速冷冻，然后减压，利用升华现象除去水分（真空干燥）。有些方法如滤纸保藏法、液氮保藏法和冷冻干燥保藏法等均需使用保护剂（牛乳、血清、糖类、甘油、二甲基亚砜等）来制备细胞悬液，以防止因冷冻或水分不断升华对细胞的损害。保护性溶质可通过氢和离子键对水和细胞所产生的亲和力来稳定细胞成分的构型。

3.3.3　实验器材

① 菌种：大肠杆菌（*Escherichia coli*）或枯草芽孢杆菌（*Bacillus subtilis*），酿酒酵母菌（*Saccharomyces cerevisiae*）和扩展青霉（*Penicillium expansum*）。

② 培养基：牛肉膏蛋白胨斜面培养基（细菌）、麦芽汁斜面培养基（培养酵母菌）、马铃薯葡萄糖斜面培养基（培养丝状真菌）。

③ 溶液及试剂：蛋白胨、酵母膏、NaCl、琼脂、甘油、95%乙醇、灭菌脱脂牛乳、无菌水、化学纯的液体石蜡、P_2O_5、河沙、瘦黄土或红土、冰块、干冰、10% HCl、无水氯化钙。

④ 仪器及其他用具：高压灭菌锅、超净工作台、酒精灯、火柴、接种环、封口膜、无菌试管、移液枪、枪头、1.5mL离心管、无菌培养皿、管形安瓿管、40目与100目筛子、油纸、滤纸条、冰箱、低温冰箱、干燥器、冷冻真空干燥装置、液氮冷冻保藏器、标签纸、记号笔。

3.3.4　实验方法

常用的微生物菌种保藏方法有：斜面低温保藏法、石蜡油封保藏法、砂土管保藏法、甘油悬液保藏法、冷冻真空干燥保藏法及液氮超低温保藏法等。各种微生物由于遗传特性不同，因此适合采用的保藏方法也不一样。一种良好的有效保藏方法，首先应能保持原菌种的优良性状长期不变，同时还须考虑方法的通用性、操作的简便性和设备的普及性。在上述的菌种保藏方法中，以斜面低温保藏法、石蜡油封保藏法最为简便，以冷冻真空干燥保藏法和液氮超低温保藏法最为复杂，但其保藏效果最好。应用时，可根据实际需要选用。

本实验主要介绍几种常用的菌种保藏法。

3.3.4.1　斜面低温保藏法

① 贴标签：取各种无菌斜面试管数支，将注有菌株名称和接种日期的标签贴在试管斜面的正上方，距试管口 $2 \sim 3cm$ 处。

② 斜面接种：将待保藏的菌种用接种环以无菌操作法移接至相应的试管斜面上，细菌

和酵母菌宜采用对数生长期的细胞，而放线菌和丝状真菌宜采用成熟的孢子。

③ 培养：细菌于 37℃ 恒温培养 18～24h，酵母菌于 28～30℃ 培养 36～60h，放线菌和丝状真菌置于 28℃ 培养 4～7d。

④ 保藏：斜面长好后，直接放入 4℃ 冰箱保藏。保藏时间依微生物种类而不同，酵母菌、霉菌、放线菌及有芽孢的细菌可保存 2～6 个月，移种一次，而不产芽孢的细菌最好每月移种一次。

斜面低温保藏法是实验室和工厂菌种室常用的保藏法。其优点是操作简单，使用方便，存活率高，不需特殊设备，能随时检查所保藏的菌株是否死亡、变异与污染杂菌等；其缺点是菌株仍有一定程度的代谢活动能力，保藏期短，传代次数多，菌种较容易发生变异和被污染。

3.3.4.2　甘油悬液保藏法

① 制备培养基、甘油：配制 LB 液体培养基，80% 甘油，于 121℃ 高压灭菌 20min。

② 接种培养：接种大肠杆菌或枯草芽孢杆菌，于 37℃ 或 30℃ 振荡培养 18～24h。

③ 装管：在超净工作台内，取 10 支 1.5mL 无菌离心管，用移液枪在各离心管中分别加入 0.5mL 80% 无菌甘油和 0.5mL 待保藏菌液，混匀，使甘油的终浓度在 30%～40%，盖紧管盖，并用封口膜封好。在标签纸上注明：菌种名、菌种号、接种日期、传代次数及组别（姓名）等。

④ 保藏：置于 -70℃ 低温冰箱中保藏。

甘油悬液保藏法较简便，但需置备低温冰箱。

3.3.4.3　液体石蜡保藏法

① 液体石蜡灭菌：在 250mL 锥形瓶中装入 100mL 液体石蜡，塞上硅胶塞，并用牛皮纸包扎，121℃ 高压灭菌 30min，然后置于 40℃ 温箱中，使水汽蒸发，备用。

② 接种培养：将待保藏菌种于最适宜的斜面培养基中培养，以得到健壮的菌体或孢子。

③ 加液体石蜡：用移液枪吸取无菌液体石蜡，注入已长好菌的斜面上，加入量以高出斜面顶端 1cm 为准（图 3-3-1），使菌种与空气隔绝。

④ 保藏：硅胶塞外包牛皮纸，将试管直立放置于 4℃ 冰箱中保存。

⑤ 恢复培养：用接种环从液体石蜡下挑取少量菌种，在试管壁上轻靠几下，尽量使石蜡油滴净，再接种于新鲜培养基中培养。由于菌体表面粘有液体石蜡，生长较慢且有黏性，故一般需转接 2 次才能获得良好菌种。

霉菌、放线菌、有芽孢细菌可利用这种保藏方法保藏 2 年左右，酵母菌可保藏 1～2 年，一般无芽孢细菌也可保藏 1 年左右。

此法的优点是制作简单，不需特殊设备，且不需经常移种；缺点是保存时必须直立放置，所占位置较大，同时也不便携带。

从液体石蜡下面取培养物移种后，接种环在火焰上灼烧时，培养物容易与残留的液体石蜡一起飞溅，应特别注意。

3.3.4.4　滤纸保藏法

① 滤纸灭菌：将滤纸剪成 0.5cm × 1.2cm 的小条，装入 0.6cm × 8cm 的安瓿管中，每管 1～2 张，塞入棉塞，121℃ 高压灭菌 30min。

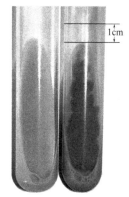

图 3-3-1　液体石蜡保藏法

② 接种培养：将需要保存的菌种，在适宜的斜面培养基上培养，使其充分生长。

③ 制备菌液：取灭菌脱脂牛乳 1～2mL 滴加在灭菌培养皿或试管内，取数环菌苔在牛乳内混匀，制成菌悬液。

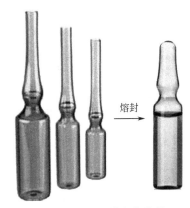

图 3-3-2　用于微生物菌种
保藏的安瓿管

④ 装安瓿管：用灭菌镊子自安瓿管取滤纸条浸入菌悬液内，使其浸泡，再放回至安瓿管中，塞入棉塞。

⑤ 封口：将安瓿管放入内有吸水剂 P_2O_5 的干燥器中，用真空泵抽气至干燥，用火焰熔封，于低温保存（图3-3-2）。

⑥ 恢复培养：需要使用菌种时，可将安瓿管口在火焰上烧热，滴一滴冷水在烧热的部位，使玻璃破裂，再用镊子敲掉管口端的玻璃，待安瓿管开启后，取出滤纸，放入液体培养基内，置温箱中培养。

细菌、酵母菌可保藏 2 年左右，有些丝状真菌甚至可保藏 14～17 年之久。滤纸保藏法较液氮法、冷冻干燥法简便，不需要特殊设备。

3.3.4.5　沙土保藏法

① 沙土处理：a. 沙处理，取河沙经 40 目过筛，去除大颗粒，加 10% HCl 浸泡（用量以浸没沙面为宜）2～4h（或煮沸 30min），以除去有机杂质，然后倒去盐酸，用清水冲洗至中性，烘干或晒干，备用。b. 土处理，取非耕作层瘦黄土（不含有机质），加自来水浸泡洗涤数次，直至中性，然后烘干、粉碎，用 100 目过筛，去除粗颗粒后备用。

② 装沙土管：将沙与土按质量分数 2：1、3：1 或 4：1 比例混合均匀装入试管中（10mm×100mm），每管装 1g 左右，加试管塞，并外包牛皮纸，121℃高压灭菌 30min，然后烘干。

③ 无菌试验：每 10 支沙土管任抽 1 支，将少许沙土接入牛肉膏蛋白胨培养基或麦芽汁培养液中，37℃培养 2～4d，确定无菌生长时才可使用。若发现有杂菌，经重新灭菌后，再做无菌试验，直到合格。

④ 制备菌液：用移液枪吸取 3mL 无菌水至待保藏的菌种斜面上，并轻轻搅动，制成悬液。

⑤ 加样：用移液枪吸取上述菌悬液 0.1～0.5mL 加入沙土管中（一般以刚刚使沙土润湿为宜），用接种环拌匀。

⑥ 干燥：将含菌的沙土管放入干燥器中，干燥器内用培养皿盛 P_2O_5 作为干燥剂，可再用真空泵连续抽气 3～4h，加速干燥；轻拍沙土管，沙土呈分散状即已充分干燥。

⑦ 保藏：每 10 支抽取一支，用接种环取出少数沙粒，接种于斜面培养基上，进行培养，观察生长情况和有无杂菌生长，如出现杂菌或菌落数很少或根本不长，则说明制作的沙土管有问题，尚需进一步抽样检查。若经检查没有问题，用火焰熔封管口，放冰箱或室内干燥处保存。每半年检查一次活力和杂菌情况。

⑧ 恢复培养：使用时挑取少量混有孢子的沙土，接种于斜面培养基上或液体培养基内培养即可，原沙土管仍可继续保藏。

沙土保藏法多用于霉菌、放线菌等能产生孢子的微生物，因此在抗生素工业生产中应用最广，效果亦好，可保存 2 年左右，但应用于营养细胞时效果不佳。

3.3.4.6　液氮冷冻保藏法

① 准备安瓿管：用于液氮保藏的安瓿管，要求能耐受温度突然变化而不致破裂，因此，需要采用硼硅酸盐玻璃制造的安瓿管，安瓿管的大小通常为 75mm×10mm，或能容 1mL 液体。

② 加保护剂与灭菌：保存细菌、酵母菌或霉菌孢子等容易分散的细胞时，则将空安瓿管塞上棉塞，1.5kgf/cm^2，121℃灭菌 15min；保存霉菌菌丝体则需在安瓿管内预先加入保护剂，如 10%的甘油蒸馏水溶液或 10%二甲基亚砜蒸馏水溶液，加入量以能浸没菌落圆块为限，而后再用 1.05kgf/cm^2、121℃灭菌 15min。

③ 接入菌种：将菌种用 10%的甘油蒸馏水溶液制成菌悬液，装入已灭菌的安瓿管；霉菌菌丝体则可用灭菌打孔器，从平板内切取菌落圆块，放入含有保护剂的安瓿管内，然后用火焰熔封。浸入水中检查有无漏洞。

④ 冻结：将已封口的安瓿管以每分钟下降 1℃的慢速冻结至－30℃。若细胞急剧冷冻，则在细胞内会形成冰晶，从而降低存活率。

⑤ 保藏：将经冻结至－30℃的安瓿管立即放入液氮冷冻保藏器（图 3-3-3）的小圆筒内，然后再将小圆筒放入液氮保藏器内。液氮保藏器内的气相温度为－150℃，液态氮内温度为－196℃。

⑥ 恢复培养：保藏的菌种需要使用时，将安瓿管取出，立即放入 38～40℃的水浴中进行急速解冻，直到全部融化为止，然后打开安瓿管，将内容物移入适宜的培养基上培养。

液氮冷冻保藏法除适宜于一般微生物的保藏外，对一些用冷冻干燥法都难以保存的微生物，如支原体、衣原体、氢细菌、难以形成孢子的霉菌、噬菌体及动物细胞均可长期保藏，而且性状不变异，缺点是需要特殊设备。

图 3-3-3　液氮冷冻保藏器

3.3.5　注意事项

① 从液体石蜡封藏的菌种管中挑菌后，接种环上带有石蜡油和菌，故接种环在火焰上灭菌时要先在火焰边烤干再直接灼烧，以免菌液四溅，引起污染。

② 在真空干燥过程中安瓿管内样品应保持冻结状态，以防止抽真空时样品产生泡沫而外溢。

③ 熔封安瓿管时注意火焰大小要适中，封口处灼烧要均匀，若火焰过大，封口处易弯斜，冷却后易出现裂缝而造成漏气。

④ 在低温保藏中，细胞体积较大者一般要比较小者对低温敏感，而无细胞壁者则比有细胞壁者敏感。其原因是低温会使细胞内的水分形成冰晶，从而引起细胞结构尤其是细胞膜的损伤。如果放到低温下进行冷冻时，适当采用速冻的方法，可使产生的冰晶小而减少对细胞的损伤。液氮温度（－196℃）比干冰温度（－70℃）保藏效果好，－70℃又比－20℃保藏效果好，而－20℃比 4℃保藏效果好。

⑤ 当从低温下移出并开始升温时，冰晶会长大，因此快速升温可减少对细胞的损伤。

⑥ 斜面低温保藏法每隔一定时间（保藏期）需再转接至新的斜面培养基上，生长后继续保藏，如此连续不断。放线菌、霉菌和有芽孢的细菌一般可保存 6 个月左右，无芽孢的细菌可保存 1 个月左右，酵母菌可保存 3 个月左右。

⑦ 甘油悬液保藏法的菌种保藏温度若采用 −20℃，保藏期约为 0.5～1 年，而采用 −70℃，保藏期可达 10 年。使用前从冰箱中取出，融化后可用移液枪直接加入无菌培养基中培养。

3.3.6　实验报告

选择两种微生物菌种保藏方法，并比较两种方法的优缺点。

3.3.7　思考题

① 简述真空冷冻干燥保藏菌种的原理。
② 经常使用的细菌菌种，应用哪一种方法保藏既好又简便？
③ 在甘油悬液保藏法中，甘油的主要作用是什么？
④ 菌种保藏中，石蜡油的作用是什么？
⑤ 产孢子的微生物常用哪一种方法保藏？
⑥ 砂土管法适合保藏哪一类微生物？
⑦ 为什么温度越低菌种保藏效果越好？

3.4　厌氧微生物的培养技术

3.4.1　实验目的

① 了解厌氧微生物的生长特性；
② 观察厌氧微生物（双歧杆菌）的形态特征；
③ 掌握厌氧微生物的亨盖特滚管分离、培养与计数技术。

3.4.2　实验原理

厌氧微生物在自然界分布广泛，种类繁多，作用也日益引起人们重视。培养厌氧微生物的技术关键是要使该类微生物处于无氧或氧化还原电位低的环境中。厌氧菌的培养方法很多，如厌氧箱法、厌氧袋法、厌氧罐法。这些方法都需要特定的除氧措施，操作步骤多，较繁琐。本实验介绍的是一种简便的试管培养法——亨盖特厌氧滚管技术。厌氧罐示意图如图 3-4-1 所示。

亨盖特厌氧滚管技术是美国微生物学家亨盖特（Hungate）于 1950 年首次提出并应用于瘤胃厌氧微生物研究的一种厌氧培养技术。之后这项技术又经历了几十年的不断改进，从而使亨盖特厌氧技术日趋完善，并逐渐发展成为研究厌氧微生物的一整套完整技术。而且多年来的实践已经证明它是研究严格、专性厌氧菌的一种极为有效的技术。

亨盖特厌氧滚管技术的优点是：预还原培养基制好后，可随时取用进行试验；任何时间观察或检查试管内的菌种都不会干扰厌氧条件。该技术不仅可用于有益厌氧菌如双歧杆菌等

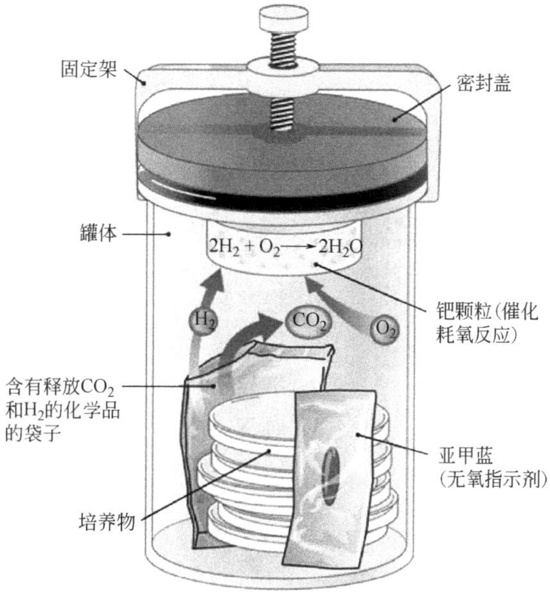
固定架
密封盖
罐体
$2H_2+O_2 \longrightarrow 2H_2O$
钯颗粒(催化
耗氧反应)
H_2
CO_2
O_2
含有释放CO_2
和H_2的化学品
的袋子
亚甲蓝
(无氧指示剂)
培养物

图 3-4-1 厌氧罐示意图

的分离与活菌培养计数，还可以用于有害腐败菌（如酪酸菌）或病原菌（如肉毒梭状芽孢杆菌）的分离与鉴定。

3.4.3 实验器材

① 样品：双歧酸奶（液体）、双歧杆菌制剂（固体）。

② 培养基：改良乳酸细菌（MRS）培养基、PTYG 培养基。（培养基配制方法见附录Ⅱ。）

③ 试剂及溶液：$CaCl_2$ 0.2g、K_2HPO_4 1.0g、KH_2PO_4 1.0g、$MgSO_4 \cdot 7H_2O$ 0.48g、Na_2CO_3 10g、NaCl 2g、蒸馏水 1000mL、0.1%的刃天青（还原指示剂）1mL。（各种染料及试剂的配制方法见附录Ⅲ、附录Ⅳ。）

④ 仪器和设备：亨盖特厌氧滚管装置一套、厌氧管、厌氧瓶、厌氧手套箱、注射器、滚管机、移液枪、记号笔、水浴锅、振荡器、恒温培养箱。

3.4.4 实验方法

实验步骤主要分以下几步：铜柱系统除氧→预还原培养基→稀释液制备→稀释样品→滚管→培养→计数。

具体操作步骤如下：

(1) 铜柱系统除氧

铜柱是一个内部装有铜丝或铜屑的硬质玻璃管。玻璃管的大小为 40～400mm，两端被加工成漏斗状，外壁绕有加热带，并与变压器相连来控制电压和稳定铜柱的温度。铜柱两端连接胶管，一端连接气钢瓶，一端连接出气管口。由于从气钢瓶出来的气体如 N_2、CO_2 及 H_2 等通常都混有 O_2，故当这些气体通过温度约 360℃的铜柱时，铜和气体中的微量 O_2 化合生成 CuO，铜柱则由明亮的黄色变为黑色。当向氧化状态的铜柱通入 H_2 时，H_2 与 CuO

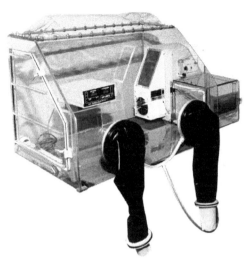

图 3-4-2　超净厌氧手套箱

中的氧结合形成 H_2O，而 CuO 又被还原成了铜，铜柱则又呈现明亮的黄色。此铜柱可以反复使用，并不断起到除氧的目的。除氢气钢瓶外，也可用氢气发生器提供 H_2 源。

（2）预还原培养基及稀释液的制备

制作预还原培养基及稀释液时，需在无氧无菌的超净厌氧手套箱中操作（图 3-4-2）。先将配制好的培养基和稀释液煮沸除氧，而后用移液枪趁热分装到螺口厌氧试管中，一般琼脂培养基装 4.5～5mL，稀释液装 9mL，并插入通 N_2 的长针头以排除 O_2。此时可以清楚地看到培养基内加入的氧化还原指示剂——树脂刃天青由蓝到红最后变成无色，说明试管内已成为无氧状态，然后盖上螺口的丁烯胶塞及螺盖，灭菌备用。

（3）双歧杆菌样品不同稀释度的制备

在无菌条件下准确称取 1g 固体或用无菌注射器吸取 1mL 混合均匀的液体样品，而后加入装有预还原生理盐水的厌氧试管中，用振荡器将其振荡均匀，制成 10^{-1} 稀释液。用无菌注射器吸取 1mL 10^{-1} 稀释液至另一支装有 9mL 生理盐水的试管中，制成 10^{-2} 稀释液。按此操作方法依次进行 10 倍系列稀释至 10^{-7}，制成不同浓度的样品稀释液。通常选 10^{-5}、10^{-6}、10^{-7} 三个稀释度进行滚管培养计数。

（4）厌氧滚管培养法

将盛有熔化的无菌无氧琼脂培养基试管放置于 50℃ 左右的恒温水浴锅中，用 1mL 无菌注射器分别吸取 10^{-5}、10^{-6}、10^{-7} 三个稀释度的稀释液各 0.1mL 于熔化了的琼脂培养基试管中，而后将其平放于盛有冰块的盘中或特制的滚管机上迅速滚动，这样带菌的熔化培养基在试管内壁立即凝固成一薄层。每个稀释度重复 3 次，而后置于 37℃（酸奶样品 42℃）恒温培养箱中培养。一般培养 24～48h 后，即可在厌氧管的琼脂层内或表面长出肉眼可见的菌落。

（5）双歧杆菌活菌（分离）计数

选择分散均匀，数量在几十到几百个菌落的厌氧试管进行活菌计数，即可得出每克或每毫升样品中含有的双歧杆菌数量。

（6）计算

每克或每毫升样品中双歧杆菌的活菌数量（cfu）＝0.1mL 滚管计数的实际平均值×10×稀释倍数。

3.4.5　注意事项

① 注射器在使用前必须经过 121℃，20min 灭菌。

② 注意无菌操作，保持手和培养管的清洁。每次接种前需用酒精棉球将厌氧管盖子擦一遍。

③ 用注射器吸取菌悬液注入固体培养基后，如需再次吸取，应快速将注射器插入厌氧管中，以防止针头污染。

④ 刃天青既是还原剂又是指示剂，它可以把培养基中残留的溶解氧去除。刃天青在无氧条件下呈无色；在有氧条件下，其颜色与溶液的 pH 相关（中性呈紫色，碱性呈蓝色，酸性呈红色）；在微量氧条件下呈粉红色。

⑤ 注射器在使用前必须先用培养基上面的气体冲洗、填充，然后插入培养基的下层，以保证当培养基移入试管时，就处于无氧气体层的下面。

3.4.6 实验报告

① 观察双歧杆菌形态，描述其形态特征。
② 计算每克或每毫升样品中含有的双歧杆菌数量，记录结果。

3.4.7 思考题

① 比较平板活菌计数和滚管活菌计数的异同。
② 实验中通过哪些措施和方法保持细菌的厌氧状态？

3.5 微生物营养要求的测定——生长谱法

3.5.1 实验目的

① 学习并掌握用生长谱法测定微生物营养需要的基本原理和方法；
② 用生长谱测定大肠杆菌和枯草芽孢杆菌所需要的碳源。

3.5.2 实验原理

微生物的生长繁殖需要一定的营养物质，如碳源、氮源、无机盐、微量元素、生长因子等。如果缺少其中一种，或微生物不能利用其中的某一种营养物质，便不能生长。碳源在微生物体内经过一系列复杂的化学变化能够为有机体的各种生理活动提供所需的能量，微生物能够利用的碳源有糖类、醇类、醛类、有机酸类及脂类等，其中糖类是应用最广泛的碳源。根据这一特性，可将微生物接种在一种缺乏某种营养物质（如碳源）的琼脂培养基中，倒成平板，再将所缺的这种营养物（各种碳源）点植于平板上，在适宜的条件下培养。由于营养物可以在琼脂培养基中扩散，如果接种的微生物可利用或需要此种营养物（碳源），就会在点植的该种碳源物质的周围生长繁殖，呈现出许多小菌落组成圆形区域（菌落圈），并使指示剂变为黄色。可以根据变黄范围的大小初步判断该微生物对不同碳源的利用程度，而该微生物不能利用的碳源周围就不会有微生物的生长，最终在平板上呈现一定的生长图形。由于不同类型微生物利用不同营养物质的能力不同，它们在点植有不同营养物质的平板上的图形就会有差别，具有不同的生长谱。这种测定微生物营养要求的方法称为生长谱法（auxanography）。生长谱法可以定性、定量地测定微生物对各种营养物质（如碳源、氮源、维生素）的需要，在微生物育种、营养缺陷型鉴定以及饮食制品质量检测等诸多方面具有重要用途。

本实验利用无碳源基础培养基检测大肠杆菌对可利用糖的需求。

3.5.3 实验器材

① 菌种：大肠杆菌（*Escherichia coli*）、普通变形杆菌（*Proteus vulgaris*）。

② 培养基：牛肉膏蛋白胨培养基。

③ 糖溶液：分别配制质量浓度 0.1g/mL 的葡萄糖（glucose）、木糖（xylose）、麦芽糖（maltose）、蔗糖（sucrose）、乳糖（lactose）、果糖（fructose）溶液 50mL（锥形烧瓶或试剂瓶装）。即称取各种糖 5g，加 45mL 蒸馏水。112℃高压灭菌 15min。

④ 糖浸片：圆形滤纸片的制作是用圆形打孔器（$d=0.8$cm）将重叠好的滤纸打成圆形片，将打好的滤纸圆形片用牛皮纸包好（可包多层），121℃高压灭菌 20min。将灭菌好的圆形滤纸片置入不同糖的溶液中浸泡 10min 后，小心取出并分别置于无菌培养皿中，盖好后于 28℃培养箱中烘干备用，最后置于超净工作台上（开紫外灯状态）紫外照射 20～30min。

⑤ 溶液及试剂：100mL 无菌生理盐水或无菌水两瓶、75％乙醇。

⑥ 仪器及其他用具：超净工作台、高压灭菌锅、酒精灯、玻璃涂棒、电子天平、移液管、无菌平皿、记号笔等。

3.5.4 实验方法

① 菌悬液的制备：分别用 3～5mL 无菌水将培养 24h 的大肠杆菌及变形杆菌斜面洗下，制成菌悬液。

② 平板的制备：每组取无菌培养皿四套，先用记号笔在平板底面划分六个区，记上欲滴加的各种糖的名称，皿盖注明班级、组别。然后将熔化的基础培养基，倾注于无菌培养皿中，每皿约 20mL，待培养基凝固后备用。

③ 涂菌：向含有培养基的培养皿分别加入上述菌悬液 0.1mL，用无菌玻璃涂棒涂布均匀（各两个平行）。

④ 糖滤纸片的加入：在超净工作台上酒精灯火焰处，用无菌镊子分别将浸泡过各种糖的圆形滤纸片于相应的位置点植（图 3-5-1）。

图 3-5-1 中（a）、（b）、（c）、（d）、（e）、（f）分别代表葡萄糖、木糖、麦芽糖、蔗糖、乳糖、果糖。

⑤ 培养：待平板吸收干燥后，倒置于 37℃恒温培养箱培养 24h，观察生长情况，记录各种糖周围有无生长圈，并测量生长圈的大小。

3.5.5 注意事项

① 做实验之前要想好要准备哪些物品，准备多少；灭菌时要想好哪些物品要灭菌，灭多少。

② 要严格无菌操作。

③ 加入菌悬液后要趁培养基尚未凝固及时倒平板，否则将会出现平板尚未倒好，培养基已经凝固于锥形瓶中的现象。

④ 放滤纸片时要对号入座并轻轻按压，以免

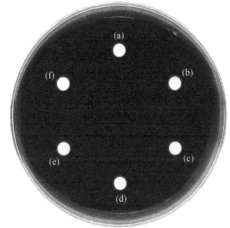

图 3-5-1 点植在基础培养基上的糖滤纸片

在进行倒置培养时糖片脱离培养基平板，也可防止交叉污染。

3.5.6 实验报告

以 6 种不同糖作为碳源，测定大肠杆菌及变形杆菌对其利用情况，以滤纸片周围是否出现生长圈为判断标准，并填入表 3-5-1。

表 3-5-1　不同碳源下大肠杆菌及变形杆菌的生长状况

菌落生长情况		碳源类型					
		葡萄糖	木糖	麦芽糖	蔗糖	乳糖	果糖
菌落是否生长	大肠杆菌						
	变形杆菌						
菌落大小/mm	大肠杆菌						
	变形杆菌						
菌落颜色	大肠杆菌						
	变形杆菌						

注：菌落生长用"＋"表示，菌落不生长用"－"表示。

3.5.7 思考题

① 根据实验结果，大肠杆菌及变形杆菌所能利用的碳源各是什么？
② 在本实验中，大肠杆菌优先利用哪些碳源？变形杆菌优先利用哪些碳源？
③ 当这些碳源耗尽，大肠杆菌是否会利用其他碳源？为什么？

3.6　细菌生长曲线的测定

3.6.1 实验目的

① 了解细菌的生长曲线特征和测定原理；
② 了解大肠杆菌在一定条件下的生长、繁殖规律；
③ 学会绘制细菌的生长曲线。

3.6.2 实验原理

将少量细菌接种到一定体积的、适合的新鲜培养基中，在适宜的条件下进行培养，定时测定培养液中的菌量，以菌量的对数为纵坐标，生长时间为横坐标，绘制的曲线叫细菌生长曲线（bacterial growth curve）。它反映了单细胞微生物在一定环境条件下于液体培养时所表现出的群体生长规律。依据其生长速率的不同，一般可把生长曲线分为延滞期（lag phase）、对数期（log phase）、稳定期（stationary phase）和衰亡期（decline phase）。这四个时期的长短因菌种的遗传性、接种量和培养条件的不同而有所改变。因此通过测定微生物的生长曲线，可了解各种菌的生长规律，对于科研和生产都具有重要的指导意义。

测定微生物生长曲线的方法很多，有血球计数法、平板菌落计数法、称重法、比浊法等，可根据要求和实验室条件选用。本实验采用比浊法测定，由于细菌悬液的浓度与光密度（OD值）成正比，因此可利用分光光度计（spectrophotometer）测定菌悬液的光密度来推测菌液的浓度，并将所测的 OD 值与其对应的培养时间作图，即可绘出该菌在一定条件下的生长曲线（图 3-6-1），此法快捷、简便。

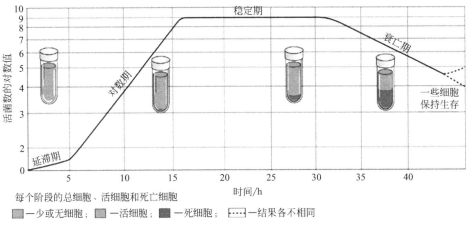

图 3-6-1　微生物生长曲线示意图

通过生长曲线我们还可以算出细胞每分裂一次所需要的时间，即代时，以 G 表示。其计算公式为：

$$G = \frac{t_2 - t_1}{(\lg W_2 - \lg W_1)/\lg 2}$$

式中，t_1 和 t_2 为所取对数期两点的时间，min；W_1 和 W_2 分别为相应时间测得的细胞含量（g/L）或 OD 值。

3.6.3　实验器材

① 实验材料：培养 18～20h 的大肠杆菌、枯草芽孢杆菌菌液及平板。
② 培养基：牛肉膏蛋白胨培养基。
③ 仪器：分光光度计、培养箱、恒温振荡培养箱、无菌试管、无菌吸管、锥形瓶、移液枪、移液枪头、比色皿。

3.6.4　实验方法

实验步骤可分为：种子液制备→编号→接种→培养→比浊测定→绘制生长曲线
① 种子液制备：取细菌菌种 1 支，在无菌条件下挑取 1 环菌液，接入牛肉膏蛋白胨培养液中，培养 18h 作种子培养液。
② 标记编号：取盛有 30mL 无菌牛肉膏蛋白胨培养液的锥形瓶 6 支，分别编号为 0、4、8、12、16、20。
③ 接种培养：用移液枪分别吸取 1mL 种子液依次加入已编号的 6 个锥形瓶中，于 37℃ 恒温振荡培养箱中振荡培养。然后分别按对应时间将锥形瓶取出测定 OD 值。
④ 生长量测定：将未接种的牛肉膏蛋白胨培养基倾倒入比色杯中，选用 600nm 波长分光光度计上调节零点，作为空白对照，并对不同时间培养液从 0h 起依次进行测定，对浓度

大的菌悬液用未接种的牛肉膏蛋白胨液体培养基适当稀释后测定，使其 OD 值在 0.10～0.65 之间，经稀释后测得的 OD 值要乘以稀释倍数，才是培养液实际的 OD 值。

3.6.5 注意事项

① 细菌生长曲线是将少量的单细胞微生物纯种接种到一定容积的液体培养基中后，在适宜的条件下（固定培养条件、固定碳源的条件）培养，定时取样测定细胞数量。以细胞增长数目的对数为纵坐标，以培养时间为横坐标，绘制一条曲线。因此不适于一些自养微生物。

② 由于光密度表示的是培养液中的总菌数，包括活菌与死菌，因此所测定的生长曲线的衰亡期不明显。

③ 碳源的种类、碳源的浓度及接种量的多少均会影响生长曲线。

3.6.6 实验报告

记录实验结果，并填入表 3-6-1。

表 3-6-1 细菌生长曲线测定实验结果

时间/h	0	4	8	12	16	20
OD_{600}						

以上述表格中的时间为横坐标，OD_{600} 值为纵坐标，绘制细菌的生长曲线。

3.6.7 思考题

① 根据实验数据画出生长曲线，并说明大肠杆菌生长特征。

② 如果用活菌计数法制作生长曲线，你认为会有什么不同？两者各有什么缺点？

③ 次生代谢产物的大量积累在哪个时期？根据细菌生长繁殖的规律，采用哪些措施可使次生代谢产物积累更多？

④ 为什么说用比浊法测定的细菌生长只是表示细菌的相对生长状况？

⑤ 在生长曲线中为什么会出现稳定期和衰亡期？在生产实践中怎样缩短延滞期？怎样延长对数期及稳定期？怎样控制衰亡期？试举例说明。

⑥ 生长曲线是否可以反映出多细胞丝状菌的生长规律？为什么？

3.7 微生物的生理生化试验

3.7.1 实验目的

① 学习和掌握微生物生理生化试验的原理和方法；

② 通过不同微生物生理生化试验，了解不同微生物的生化功能的多样性。

3.7.2 实验原理

微生物代谢过程主要是酶促反应过程。酶是微生物机体内生物合成的一种生物催化剂，它是大分子蛋白质,具有催化生物化学反应加速进行,并传递电子、原子和化学基团的作用。微生物的酶可按它所在细胞的部位分为胞外酶和胞内酶,亦可根据其催化作用的底物的不同而命名,如淀粉酶、蛋白酶、脂肪酶等。各种微生物在代谢类型上表现了很大的差异。不同的微生物分解大分子碳水化合物、蛋白质和脂肪的能力不同,所能发酵的类型和最终产物也不一样。不同微生物对营养的要求不同也说明了它们有不同的合成能力。所有这些都反映了它们有不同的酶系统。

微生物代谢类型多样性,使得微生物在自然界的物质循环中起着重要作用,同时也为人类开发利用微生物资源提供更多的机会与途径。此外,微生物代谢类型多样性具体表现在生化反应的多样性,因此人们在微生物的分类鉴定工作中,常将其生化反应作为重要依据。

微生物对大分子的淀粉、蛋白质和脂肪不能直接利用,必须靠所产生的胞外酶将大分子物质分解才能被微生物吸收利用。胞外酶主要为水解酶,通过加水裂解大的物质为较小的化合物,使其能被运输至细胞内。如淀粉酶水解淀粉为小分子的糊精、双糖和单糖;脂肪酶水解脂肪为甘油和脂肪酸;蛋白酶水解蛋白质为氨基酸;等。这些小单位的物质能被细菌吸收和利用。水解过程可通过观察细菌菌落周围的物质变化来证实。

细菌淀粉酶能将遇碘呈蓝色的淀粉水解为遇碘不显色的糊精,并进一步转化为糖,淀粉被酶催化分解后,遇碘不再显蓝色。

脂肪水解后产生的脂肪酸可改变培养基的 pH,使 pH 降低,加入培养基的中性红指示剂会使培养基从淡红色变为深红色,说明胞外存在着脂肪酶。

微生物除了可以利用各种蛋白质和氨基酸作为氮源外,当缺乏糖类物质时,亦可用它们作为碳源和能源。明胶是由胶原蛋白经水解产生的蛋白质,在 25℃ 以下可维持凝胶状态,以固体形式存在,而在 25℃ 以上,明胶就会液化。有些微生物可产生一种称作明胶酶的胞外酶,将明胶先水解为多肽,再进一步水解为氨基酸,而使其液化,甚至在 4℃ 仍能保持液化状态。

尿素是由大多数哺乳动物消化蛋白质后分泌在尿中的废物。尽管许多微生物都可以产生尿素酶,但它们利用尿素的速度比变形杆菌属(Proteus)的细菌要慢,因此脲酶试验可以用来从其他非发酵乳糖的肠道微生物中快速区分这个属的成员。尿素琼脂含有蛋白胨、葡萄糖、尿素和酚红。酚红在 pH6.8 时为黄色,而在培养过程中,产生尿素酶的细菌会分解尿素产生氨,使培养基的 pH 升高,在 pH 升至 8.4 时,指示剂就转变为深粉红色。尿素试验主要用于肠杆菌科中变形杆菌属细菌的鉴定:奇异变形杆菌(Proteus mirabilis)和普通变形杆菌(Proteus vulgaris)为阳性,雷氏普罗威登斯菌(Providencia rettgeri)和摩根氏菌(Morganella)为阳性,而斯氏普罗威登斯菌(Providencia stuartii)和产碱普罗威登斯菌(Providencia alcalifaciens)为阴性。

吲哚试验可用来检测吲哚的产生。有些微生物能产生色氨酸酶,分解蛋白胨中的色氨酸产生吲哚和丙酮酸。吲哚与对二甲基氨基苯甲醛结合后,形成红色的玫瑰吲哚。但并非所有微生物都具有分解色氨酸产生吲哚的能力,因此吲哚试验可以作为一个生物化学检测的指标,用于肠杆菌科细菌的鉴定,如大肠杆菌与产气肠杆菌的鉴别。大肠杆菌为阳性,沙门菌属(Salmonella)则为阴性。

硫化氢试验是检测硫化氢的产生,也是用于肠道细菌检查的常用生化试验。有些微生物能分解含硫的有机物，如胱氨酸、半胱氨酸、甲硫氨酸等产生硫化氢气体，硫化氢遇培养基中亚铁离子或铅离子等，可生成黑色的硫化铁或硫化铅沉淀物。以半胱氨酸为例，其化学反应过程如下：

$$CH_2SHCHNH_2COOH + H_2O \longrightarrow CH_3COCOOH + H_2S\uparrow + NH_3\uparrow$$

$$H_2S + Pb(CH_3COO)_2 \longrightarrow PbS\downarrow(黑色) + 2CH_3COOH$$

硫化氢试验主要用于肠杆菌科中的属、种鉴别，如沙门菌属、柠檬酸杆菌属 (*Citrobacter*)、变形杆菌属、爱德华氏菌属 (*Edwardsiella*) 等为阳性，其他菌属大多为阴性。但沙门菌属中亦有部分硫化氢阴性菌株，如甲型副伤寒沙门菌 (*Salmonella paratyphi*—A)、猪霍乱沙门菌 (*Salmonella choleraesuis*) 等。大肠杆菌为阴性，产气肠杆菌为阳性。

过氧化氢酶又称接触酶，是一类广泛存在于动物、植物和微生物体内的末端氧化酶，酶分子结构中含有铁卟啉环，1 个分子酶蛋白中含有 4 个铁原子。过氧化氢酶是在生物演化过程中建立起来的生物防御系统的关键酶之一，其生物学功能是催化细胞内的过氧化氢分解，防止过氧化。具有过氧化氢酶的微生物，能催化过氧化氢为水和初生态氧，继而形成氧分子，出现肉眼很容易观测到的气泡。绝大多数需氧微生物都含有过氧化氢酶，链球菌属 (*Streptococcus*) 除外，部分厌氧微生物，如甲烷八叠球菌属 (*Methanosarcina*)，也含有过氧化氢酶。

硝酸盐还原反应包括两个过程：一是合成代谢过程中，硝酸盐还原为亚硝酸盐和氨，再由氨转化为氨基酸和细胞内其他含氮化合物；二是在分解代谢过程中，硝酸盐或亚硝酸盐代替氧作为呼吸酶系统的终末受氢体，将硝酸盐还原为亚硝酸盐、氨或氮气等。硝酸盐还原过程可因微生物不同而异。待检菌培养基中是否含亚硝酸基，可通过 α-萘胺和对氨基苯磺酸检验，若最后形成 N-α-萘胺偶氮苯磺酸（红色重氮化合物染料），说明该菌具有还原硝酸盐的能力。肠杆菌科细菌均能还原硝酸盐为亚硝酸盐；铜绿假单胞菌 (*Pseudomonas aeruginosa*)、嗜麦芽假单胞菌 (*Pseudomonas maltophilia*) 等假单胞菌属均可产生氮气；有些厌氧菌如韦荣菌属 (*Veillonella*) 等试验也为阳性。阳性对照为大肠杆菌，阴性对照为无硝不动杆菌 (*Acinetobacter anitratus*)。

3.7.3 实验器材

① 菌种：枯草芽孢杆菌 (*Bacillus subtilis*)、大肠杆菌 (*Escherichia coli*)、金黄色葡萄球菌 (*Staphylococcus aureus*)、普通变形杆菌 (*Proteus vulgaris*)、产气肠杆菌 (*Enterobacter aerogenes*)、醋酸钙不动杆菌 (*Acinetobacter calcoaceticus*)、链球菌 (*Streptococcus*)。

② 培养基：淀粉固体培养基、油脂固体培养基、明胶培养基、尿素琼脂培养基、蛋白胨水培养基、H_2S 试验用培养基，硝酸盐培养基。（培养基的配制方法见附录Ⅱ。）

③ 溶液或试剂：革兰氏染色用卢戈氏碘液 (Lugol's iodine solution)、甲基红指示剂、40% KOH、5% α-萘胺、乙醚、吲哚试剂、3% 过氧化氢、硝酸盐还原试剂等。（各种试剂的配制方法见附录Ⅲ、附录Ⅳ。）

④ 仪器或其他用具：恒温培养箱、无菌培养皿、无菌试管、接种环、接种针、试管、试管架等。

3.7.4 实验方法

3.7.4.1 淀粉水解试验

① 将淀粉固体培养基熔化后，冷却至 45℃左右，倒入无菌培养皿内，静置待冷凝后即成平板。

② 用记号笔在平板底部划成两部分。

③ 将大肠杆菌和枯草芽孢杆菌分别接种在不同的部分（各点 5 个点），在平板反面的两个部分分别写上菌名。

④ 将上述已接种的平板倒置于 37℃恒温培养箱中培养 24～48h，或于 20℃培养 4～5d。

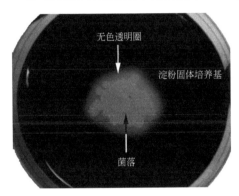

图 3-7-1　淀粉水解试验

⑤ 观察各种细菌的生长情况，将平板盖子打开，在菌落周围滴加少量卢戈氏碘液，观察菌落周围颜色的变化。如淀粉固体培养基呈深蓝色、菌落或培养物周围出现无色透明圈，说明淀粉已被水解，为阳性（图 3-7-1）。根据透明圈的大小可初步判断该菌水解淀粉能力的强弱，即产生胞外淀粉酶活力的高低。

淀粉水解是逐步进行的过程，因而试验结果与菌种产生淀粉酶的能力、培养时间、培养基含有淀粉量及 pH 等均有一定关系。培养基 pH 必须为中性或微酸性，以 pH7.2 最适。淀粉琼脂平板不宜保存于冰箱，应使用前制备。

本试验也可用下列方法对枯草芽孢杆菌培养液中淀粉酶进行测定：

① 取 4 支干净的试管，按 0（对照）、1、2、3 编号。放在试管架上备用。

② 往 1、2、3 号试管中分别加入 5mL、10mL、15mL 的枯草芽孢杆菌培养液，再往 1、2 号试管内分别加入 10mL、5mL 蒸馏水。往 0 号（对照）管内加入 15mL 蒸馏水。

③ 分别往 1、2、3 号试管中加入 0.2％淀粉溶液若干滴，迅速摇匀，并记下反应的初始时间。

④ 分别往以上 4 个试管内滴加若干滴碘液，迅速摇匀（均呈蓝色）。

⑤ 观察结果，注意各管的变化，记下各管蓝色完全消失的时间，并对结果进行分析。

3.7.4.2 脂肪水解试验

① 将熔化的油脂固体培养基冷却至 45℃左右，充分摇荡，使油脂均匀分布。无菌操作倒入平板，待凝。

② 用记号笔在平板底部划成两部分，分别标上菌名。

③ 将枯草芽孢杆菌和金黄色葡萄球菌分别画"＋"接种于平板的相对应部分的中心。

④ 将平板倒置于 37℃恒温培养箱中培养 24h。

⑤ 取出平板，观察菌苔颜色，如出现红色斑点，说明脂肪被水解，为阳性反应。

3.7.4.3 明胶（gelatin）水解试验

① 取三支明胶培养基试管，用记号笔标明各管欲接种的菌名。一支空白对照（不接种）。

② 用接种针分别挑取培养 18～24h 的枯草芽孢杆菌、大肠杆菌及金黄色葡萄球菌培养物，以较大量穿刺接种于明胶高层约 2/3 深度处。

③ 将接种后的试管置 20～22℃恒温培养箱中，培养 3～7d。

④ 观察明胶液化情况（图 3-7-2）。

由于室温下明胶培养基呈液态，因此在观察结果时，应将其放置于 4℃的冰箱中 30min 后拿出观察。若明胶仍能全部凝固为阴性，有部分或全部不能凝固为阳性。

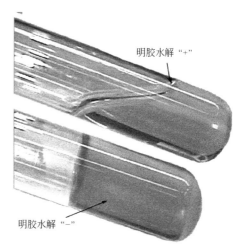

图 3-7-2　明胶水解试验

3.7.4.4　脲酶（urease）试验

① 取两支尿素培养基斜面试管，用记号笔标明各管欲接种的菌名。

② 分别接种普通变形杆菌和金黄色葡萄球菌。穿刺接种不要到达斜面底部，留底部作变色对照。

③ 将接种后的试管置于 35℃恒温培养箱中，培养 24～48h。

④ 观察培养基颜色变化。脲酶存在时，培养基呈碱性，使酚红指示剂变红，为阳性，无尿素酶时应为黄色。阴性应继续培养至 4d，做最终判定，变为粉红色为阳性（图 3-7-3）。

脲酶不是诱导酶，无论底物中是否有尿素存在，细菌均能合成此酶，其活性最适 pH 为 7.0。

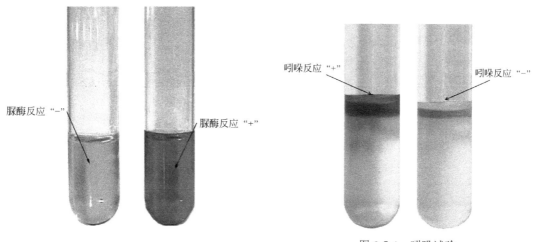

图 3-7-3　脲酶试验

图 3-7-4　吲哚试验

3.7.4.5　吲哚（靛基质）（indole）试验

① 取两支富含色氨酸的蛋白胨水培养基试管，用记号笔标明各管欲接种的菌名。

② 分别接种大肠杆菌和产气肠杆菌。

③ 将接种后的试管置于 35℃恒温培养箱中，培养 24～48h。

④ 在培养基内加 3～4 滴乙醚，摇动试管以提取和浓缩靛基质。

⑤ 静置 1～3min，待乙醚上升后，再沿试管壁徐徐加入 2 滴靛基质试剂，若在乙醚和

培养物之间产生红色环状物为阳性，无色为阴性（图 3-7-4）。

配制蛋白胨水培养基时，所用的蛋白胨最好富含色氨酸，用胰蛋白酶水解酪素得到的蛋白胨中色氨酸含量较高。

实验证明靛基质试剂可与 17 种不同的靛基质化合物作用而产生阳性反应，若先用乙醚等进行提取，再加试剂，则只有靛基质或 5-甲基靛基质在溶剂中呈现红色，因而结果更为可靠。

3.7.4.6 硫化氢（H₂S）试验

① 取两支含有硫代硫酸钠等指示剂的培养基斜面试管，用记号笔标明各管欲接种的菌名。

② 分别接种大肠杆菌和产气肠杆菌。穿刺接种不要到达斜面底部，留底部作变色对照。

③ 将接种后的试管置于 35℃恒温培养箱中，培养 24～48h。

④ 观察有无黑色沉淀出现。培养基变黑为阳性，不变为阴性。阴性应继续培养至 6d，变黑为阳性。

本试验也可用醋酸铅纸条法：将待试菌接种于一般营养肉汤中，再将醋酸铅纸条悬挂于培养基上部，高度以不会被溅湿为适度；用管塞压住置于（36±1）℃恒温培养箱中培养 1～6d，纸条变黑为阳性。

3.7.4.7 过氧化氢酶试验

① 将培养好的枯草芽孢杆菌和大肠杆菌斜面各 1 支放在试管架上。

② 用滴管吸取 3%过氧化氢 2mL 分别滴加到两管菌种斜面上。

③ 观察菌落是否有气泡产生。若立即出现大量气泡为阳性，无气泡为阴性。

本实验不宜用在血琼脂培养基上的菌落（易出现假阳性），每次试验应设立对照，阳性反应对照菌为金黄色葡萄球菌，阴性对照菌为链球菌。

本试验也可用下列方法：

① 取洁净载玻片，用记号笔在两端标明各载玻片欲接种的菌名；

② 分别用接种环接种枯草芽孢杆菌和大肠杆菌于载玻片两端；

③ 各加入 3%过氧化氢数滴，立即观察结果（图 3-7-5）。

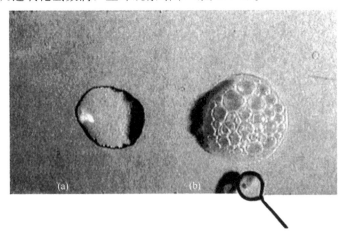

图 3-7-5 过氧化氢酶试验

3.7.4.8 硝酸盐（nitrate）还原试验

① 取两支含硝酸盐培养基试管（内含倒放杜汉氏小管），用记号笔标明各管欲接种的菌名。

② 分别接种枯草芽孢杆菌和醋酸钙不动杆菌。

③ 将接种后的试管置35℃恒温培养箱中，培养1～4d。

④ 将硝酸盐还原试剂的A液和B液各0.2mL等量混合。

⑤ 取混合试剂约0.1mL加入试管内，立即或于10min内呈现红色即为试验阳性，若加入试剂后无颜色反应，可能是：a.硝酸盐没被还原，试验阴性；b.硝酸盐还原为氨和氮（杜汉氏小管中有气泡）等其他物质而导致假阴性结果，这时应在试管内加入少许锌粉，如出现红色则表明试验确实为阴性，若仍不产生红色，表明试验为假阴性。

⑥ 用α-萘胺进行试验时，阳性红色消退很快，故加入后应立即判定结果。进行试验时必须有未接种的培养基管作为阴性对照。

3.7.5 注意事项

① 接种均在无菌条件下操作，接种完毕以后用灭过菌的海绵硅胶塞住管口防止污染；

② α-萘胺具有致癌性，使用时注意个人防护。

3.7.6 实验报告

记录试验结果，并填入表3-7-1：

表 3-7-1 微生物的生理生化试验结果

试验	"＋"菌名称	"－"菌名称
淀粉水解试验		
脂肪水解试验		
明胶水解试验		
脲酶试验		
吲哚试验		
硫化氢试验		
过氧化氢酶试验		
硝酸盐还原试验		

注：阳性为"＋"，阴性为"－"。

3.7.7 思考题

① 你怎样解释淀粉酶是胞外酶而非胞内酶？

② 淀粉酶定性测定中对照应呈什么颜色？为什么？各菌落呈什么颜色？为什么？

③ 若不利用碘液，你怎样证明淀粉水解的存在？

④ 接种后的明胶试管可以在35℃培养，在培养后你必须做什么才能证明水解的发生？

⑤ 为什么脲酶试验可用于鉴定变形杆菌？

⑥ 吲哚试验的原理是什么？

⑦ 滴加过氧化氢后各菌落会出现什么现象？说明什么问题？

3.8　活性污泥与土壤脱氢酶活性的测定

3.8.1　实验目的

了解活性污泥脱氢酶活性的测定原理及方法。

3.8.2　实验原理

活性污泥和土壤中的微生物对于有机物的降解，实质上是在微生物酶的催化作用下的一系列生物氧化还原反应。参加生物氧化的重要酶有氧化酶、脱氢酶（dehydrogenase）等，其中脱氢酶尤为重要。脱氢酶能使氧化有机物的氢原子活化并传递给特定的受氢体，实现有机物（如石油烃）的氧化和转化。单位时间内脱氢酶活化氢的能力表现为它的酶活性。如果脱氢酶活化的氢原子被人为受氢体接受，就可以通过直接测定人为受氢体浓度的变化间接测定脱氢酶的活性，表征生物降解过程中微生物的活性。因此，脱氢酶的活性可以反映处理体系内活性微生物量以及其对有机物的氧化降解能力，以评价降解性能。

用于测定脱氢酶活性的方法有很多，其中应用较多的是氯化三苯基四氮唑（2,3,5-triphenyltetrazolium chloride，TTC）比色法。利用 TTC 作为人为受氢体，其还原反应可用下式表示。

氯化三苯基四氮唑　　　　　　　　三苯基甲臜

无色的 TTC 接受氢后变成红色的三苯基甲臜（1,3,5-triphenyl formazan，TF），根据红色的深浅，测出相应的吸光度（A 值），从而计算 TF 的生成量，求出脱氢酶的活性。通常 A 度越大（红色越深），脱氢酶活性越高。

3.8.3　实验器材

① 样品：活性污泥悬浮液或土壤悬浮液。

② 仪器：紫外-可见光分光光度计、分析天平、棕色容量瓶、具塞锥形瓶、比色皿。

③ 试剂：4mg/mL 的 TTC 溶液、Tris-HCl 缓冲液（pH8.4）、10%硫化钠、无氧水、连二亚硫酸钠（$Na_2S_2O_4$，分析纯）、甲醛、丙酮。（试剂的配制方法见附录Ⅳ。）

3.8.4　实验方法

(1) TTC 标准曲线的绘制

① 不同浓度的 TTC 标准溶液的配置：从 TTC 溶液中吸取 1、2、3、4、5、6、7mL 液体放入 7 个 50mL 的容量瓶中，定容至 50mL。

② 取 8 支试管，分别加入 2mL Tris-HCl 缓冲溶液、2mL 无氧水、2mL 不同浓度的

TTC 溶液，第 8 支为对照组（用蒸馏水代替 TTC 溶液）。

③ 每支试管各加入 1mL 10％Na₂S 溶液混合，摇匀，放置 20min。

④ 向每支比色管中各加入少许（十几粒）连二亚硫酸钠，混匀，使 TTC 全部还原成红色的 TF。

⑤ 向各管滴加 5mL 甲醛终止反应，摇匀后加入 5mL 丙酮，振荡摇匀以提取 TF，稳定数分钟（或 37℃水浴 10min）。

⑥ 取上清液在 485nm 波长下测定吸光度 A。

以吸光度 A 为纵坐标，以 TTC 浓度为横坐标，绘制出 TTC 标准曲线。

（2）活性污泥脱氢酶活性的测定

① 活性污泥悬浮液的制备：取 50mL 活性污泥液（约 1.5～3g/L）放入锥形瓶中，加入数粒玻璃珠剧烈摇动将污泥打碎。4000r/min 离心 5min，弃去上清液，再用生理盐水补充水分，悬浮、洗涤、离心，反复三次。最后用生理盐水补至原体积。

② 加试剂：取 4 个 40mL 具塞离心管（1 个对照，3 个平行），分别加入无氧水 0.5mL，Tris-HCl 缓冲液（pH8.4）2mL，污泥悬浮液 2mL，0.4％ TTC 液 0.5mL（对照管不加 TTC 液，以 0.5mL 蒸馏水取代），最终体积均为 5mL，盖紧塞子。

③ 样品培养：将离心管中液体摇匀，立即放入 37℃水浴中培养 10min（以显色为准）。

④ 终止酶反应：各管分别加入 0.5mL 甲醛终止反应。

⑤ 样品萃取：再向各管分别加入 5mL 丙酮，振摇数十次，37℃水浴保温 10min，萃取 TF。

⑥ 比色分析：4000r/min 离心 5min，取上清液在 485nm 波长下测定 A 值，并根据样品显色液与样品空白的吸光值之差，在标准曲线上查出相应的 TTC 浓度。

（3）土壤脱氢酶活性的测定

① 取 3 个 50mL 具塞锥形瓶，分别称取灭菌土样 5g（2mm 过筛），加入锥形瓶中，再分别加入 0.4％ TTC 液 5mL，另取一个 50mL 具塞锥形瓶加入同样的灭菌土样 5g，蒸馏水 5mL，作为对照。

② 将以上 4 个具塞锥形瓶避光，37℃水浴锅中保温培养 12～24h。

③ 培养结束后，加入 5mL 甲醛终止反应，再分别加入 5mL 丙酮振荡并在 37℃保温 10min，转入离心管。

④ 4000r/min 离心 5min，取上清液在 485nm 波长下测定 A 值，并根据样品显色液与样品空白的吸光度之差，在标准曲线上查出相应的 TTC 浓度。

3.8.5　注意事项

① 所有操作应当尽量在避光条件下进行。脱氢酶最适反应条件为：温度 30～37℃，pH 值 7.4～8.5。因此要控制好水浴锅的温度和缓冲液的 pH。

② 取甲醛时要小心，不要碰到皮肤上，如若沾到皮肤上要迅速用自来水冲洗。

③ 加还原剂连二亚硫酸钠时，要尽量保证各管的加入量相等，防止因加入不同量的还原剂造成差异。

3.8.6　实验报告

计算脱氢酶的活性。

$$脱氢酶活性＝abc$$

式中　a——由标准曲线上查出的 TTC 浓度，$\mu g/mL$；

　　　b——培养时间（60min）校正值，h；

　　　c——比色时的稀释倍数。（当 $A>0.8$ 时，要适当稀释，使 A 在 0.8 以下。）

3.8.7　思考题

① 影响脱氢酶活性的因素有哪些？

② 已知乳酸脱氢酶（LDH）在 NADH 的递氢作用下，使乳酸脱氢生成丙酮酸。丙酮酸在碱性溶液中与 2,4-二硝基苯肼生成 2,4-二硝基苯腙，使溶液呈棕色。溶液颜色的深浅与丙酮酸浓度成正比。请设计一个测定动物肝脏乳酸脱氢酶活性的实验。

3.9　土壤微生物呼吸速率的测定

3.9.1　实验目的

① 通过实验，了解用氢氧化钠吸收法测定土壤微生物呼吸速率的原理；

② 掌握用氢氧化钠吸收法测定土壤微生物呼吸速率的方法。

3.9.2　实验原理

在土壤新陈代谢过程中产生并向大气释放 CO_2 的过程称土壤呼吸（soil respiration）。它包括微生物呼吸、植物根呼吸和动物呼吸三个生物过程，以及在高温条件下的化学氧化过程（非生物过程）。土壤呼吸的测定可以反映出土壤生物活性和土壤物质代谢的强度。

本实验的原理是用碱吸收 CO_2 形成碳酸根，再用滴定法计算出剩余的碱量，根据公式计算得出一定时间内土壤排放的 CO_2 量。

用 NaOH 吸收土壤呼吸放出的 CO_2，生成 Na_2CO_3：

$$2NaOH+CO_2 \longrightarrow Na_2CO_3+H_2O \tag{1}$$

先以酚酞作指示剂，用 HCl 滴定，中和剩余的 NaOH，并使（1）式生成的 Na_2CO_3 转变为 $NaHCO_3$：

$$NaOH+HCl \longrightarrow NaCl+H_2O \tag{2}$$

$$Na_2CO_3+HCl \longrightarrow NaHCO_3+NaCl \tag{3}$$

再以甲基橙作指示剂，用 HCl 滴定，这时所有的 $NaHCO_3$ 均变为 NaCl：

$$NaHCO_3+HCl \longrightarrow NaCl+H_2O+CO_2 \tag{4}$$

从式(3)、式(4) 可见，用甲基橙作指示剂时所消耗 HCl 量的 2 倍，即为中和 Na_2CO_3 的用量，从而可计算出吸收 CO_2 的量。

3.9.3　实验器材

① 材料：新鲜土壤。

② 仪器设备：天平、大肚吸管、酸式滴定管、洗耳球、滴定管架、锥形瓶、量筒、容量瓶、烧杯、干燥器。

③ 试剂：2mol/L NaOH 溶液、0.05mol/L HCl 溶液 1％酚酞溶液、0.1％的甲基橙溶液。（试剂的配制方法见附录Ⅳ。）

3.9.4 实验方法

① 称取相当于干土质量 20g 的新鲜土样，置于 150mL 烧杯中（也可用容重圈采取原状土）。

② 准确吸取 2mol/L NaOH 10mL 于另一 150mL 烧杯中。

③ 将两只烧杯同时放入无干燥剂的干燥器中，加盖密闭，放置 1～2d。

④ 取出盛 NaOH 的烧杯，将溶液移入 250mL 容量瓶中，稀释至刻度。

⑤ 吸取稀释液 25mL，加酚酞 1 滴，用标准 0.05mol/L HCl 滴定至无色，再加甲基橙 1 滴，继续用 0.05μmol/L HCl 滴定至溶液由橙黄色变为橘红色，记录后者所用 HCl 的体积（或用溴酚蓝代替甲基橙，滴定颜色由蓝变黄）。

⑥ 再在另一干燥器中，只放 NaOH，不放土壤，用同一方法测定，作为空白对照。

⑦ 计算 250mL 溶液中 CO_2 的质量（W_1）：

$$W_1 = \frac{V_1 - V_2}{2} \times C \times \frac{44}{1000} \times \frac{250}{25}$$

式中　V_1——供试溶液用于甲基橙作指示剂时所用 HCl 体积的 2 倍，mL；

　　　V_2——空白试验溶液用甲基橙作指示剂时所用 HCl 体积的 2 倍，mL；

　　　C——HCl 的物质的量浓度，mol/L；

　　$\frac{44}{1000}$——CO_2 的毫摩尔质量，g/mmol；

　　$\frac{250}{25}$——分取倍数，再换算为土壤呼吸强度 [CO_2mg/(g·h)]$=W_1 \times 1000 \times 1/20 \times 1/24$。

其中 20 为试验所用土壤质量，g；24 为试验所经历的时间，h。

3.9.5 注意事项

实验用土壤一定要新鲜，一般微生物前期反应剧烈，特别是前几天，之后每天呼吸速率都会降低。

3.9.6 实验报告

将实验数据及结果记录表 3-9-1：

表 3-9-1　土壤微生物呼吸速率测定实验结果

样品名称	样品质量/g	测定时间/h	呼吸速率/[mg/(g·h)]	测定温度/℃

3.9.7 思考题

① 吸收 CO_2 的 NaOH 溶液为什么必须准确吸取?

② 用标准 HCl 滴定剩余的 NaOH 时,第一次用酚酞作指示剂,此时消耗的 HCl 量并不参加计算,为什么要求准确滴定?

③ 怎样判断吸收 CO_2 所用的 NaOH 溶液数量是否充足?

3.10 水中细菌总数的测定

3.10.1 实验目的

① 学习水样的采集和水样中细菌总数测定的全过程及具体操作方法;

② 掌握平板菌落计数的方法。

3.10.2 实验原理

各种天然水体中常含有一定数量的微生物。水中细菌总数往往同水体受有机污染程度成正相关,因而是评价水质污染程度的重要指标之一。细菌总数是指 1mL 水样在营养琼脂培养基中,37℃培养 24h 后所生长的细菌菌落的总数 (cfu/g, cfu/mL),可用稀释平板计数法检测。

由于水中细菌种类繁多,它们对营养和其他生长条件的要求差别很大,不可能找到一种培养基、在一种条件下,使水中的所有细菌均能生长繁殖。因此,采用普通牛肉膏蛋白胨琼脂培养基培养出的细菌总数只是一种近似值,而且所得的菌落数实际上要低于被测水样中真正存在的活细菌的数目。

3.10.3 实验器材

① 样品:河水、湖水等。

② 培养基:牛肉膏蛋白胨琼脂培养基。

③ 溶液及试剂:牛肉膏、蛋白胨、NaCl、琼脂粉、无菌水。

④ 仪器及其他用具:高压灭菌锅、恒温培养箱、锥形瓶、具塞广口瓶、移液枪、培养皿、试管等。

3.10.4 实验方法

(1) 水样的采集与处理

取距水面 10~15cm 的深层水样。先将灭菌的具塞广口瓶,瓶口向下浸入水中,然后翻转过来使瓶口向上,除去玻璃塞,待水盛满后,将瓶塞盖好,再将瓶子从水中取出,并立即用无菌硅胶塞塞好瓶口,以备检验。水样采集后应立即检验,如需要保存或运送,应采取冰镇措施。水样保存不得超过 4h。

(2) 细菌总数测定

① 稀释水样

用移液枪吸取 1mL 水样,注入盛有 9mL 无菌水的试管中,混匀成 10^{-1} 稀释液,注意在吸水样前，水样要彻底搅动均匀。吸取 10^{-1} 稀释液 1mL 按 10 倍稀释法稀释成 10^{-2}、10^{-3}、10^{-4} 等连续的稀释度。根据水样的洁净程度，污染严重者选取 10^{-2}、10^{-3}、10^{-4} 三个连续稀释度，中等的选取 10^{-1}、10^{-2}、10^{-3} 三个连续稀释度（稀释度的选择是本试验精确度的关键，选择适宜的稀释度使平皿上菌落总数介于 30～300 之间）。

② 准备培养基

由高倍至低倍吸取稀释液，每个梯度稀释液分别注入两个培养皿，每皿 1mL，共三个稀释度。然后将 15mL 冷却至 45℃ 的牛肉膏蛋白胨琼脂培养基注入含水样稀释液的培养皿中，立即旋摇培养皿，使水样与培养基充分混匀（图 3-10-1）。方法是握住平皿，先往一个方向画圆，再朝相反方向回转；或一面画圆，一面适当倾斜。小心不要将混合液体溅到培养皿的边缘。另取一空的灭菌培养皿，倾注牛肉膏蛋白胨琼脂培养基 15mL 作空白对照。让平皿培养基于水平位置放置至凝固。

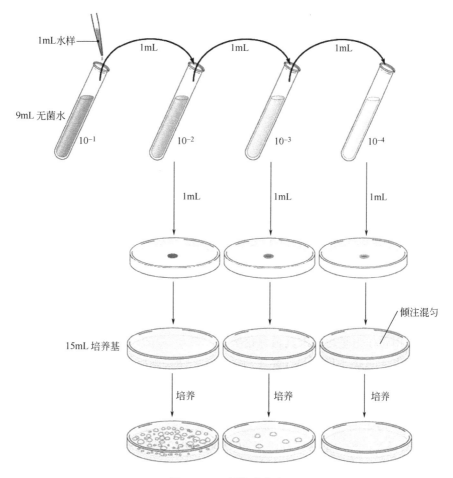

图 3-10-1　倾注法分离

也可先将 15mL 冷却至 45℃ 的牛肉膏蛋白胨琼脂培养基注入培养皿中，待凝固后用移液枪从三个稀释度的试管中各取 0.2mL 稀释液，分别涂布于平板中（图 3-10-2）。

③ 培养

将培养皿倒置于 37℃ 恒温培养箱中培养 24h。

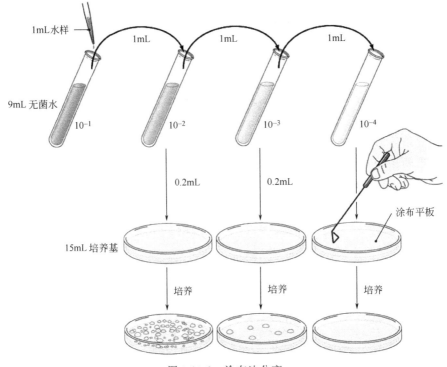

图 3-10-2　涂布法分离

(3) 菌落计数

菌落计数方法为：

① 先计算相同稀释度的平均菌落数（两个平板的平均菌落数即为 1mL 水样的细菌总数）。若其中一个平板有较大片状菌苔生长时，则不应采用，而应以无片状菌苔生长的平板作为该稀释度的平均菌落数。若片状菌苔的大小不到平板的一半，而其余的一半菌落分布又很均匀时，则可将此一半的菌落数乘 2 以代表全平板的菌落数，然后再计算该稀释度的平均菌落数。

② 首先选择平均菌落数在 30～300 者进行计算，当只有一个稀释度的平均菌落数符合此范围时，即可用它作为平均值乘其稀释倍数。

③ 若有两个稀释度的平均菌落数都在 30～300 之间，则应按两者的比值来决定。若其比值小于 2，应报告两者的平均数；若大于 2，则报告其中较小的数字（如表 3-10-1 例 2 和例 3）。

④ 如果所有稀释度的平均菌落数均大于 300，则应按稀释度最高的平均菌落数乘以稀释倍数计算（如表 3-10-1 例 4）。

⑤ 若所有稀释度的平均菌落数均小于 30，则应按稀释度最低的平均菌落数乘以稀释倍数计算（如表 3-10-1 例 5）。

⑥ 如果全部稀释度的平均菌落数均不在 30～300 之间，则以最接近 300 或 30 的平均菌落数乘以稀释倍数计算（如表 3-10-1 例 6）。

⑦ 菌落计数的报告。菌落在 100 以内时按实有数报告；大于 100 时，采用两位有效数字；在两位有效数字后面的数值，以四舍五入方法计算。为了缩短数字后面的零数也可用 10 的指数来表示（如表 3-10-1 的"报告方式"栏）。在所需报告的菌落数多至无法计算时，应注明水样的稀释倍数。

表 3-10-1　稀释度选择及菌落报告方式

例次	不同稀释度的平均菌落数			两个稀释度菌落数之比	菌落总数/(个/mL)	报告方式/(个/mL)
	10^{-1}	10^{-2}	10^{-3}			
1	1360	164	20	—	16400	16000 或 1.6×10^4
2	2760	295	46	1.6	37750	38000 或 3.8×10^4
3	2890	271	60	2.2	27100	27000 或 2.7×10^4
4	无法计数	4651	513	—	513000	510000 或 5.1×10^5
5	27	11	5	—	270	270 或 2.7×10^2
6	无法计数	305	12	—	30500	31000 或 3.1×10^4

菌落的计算遵循以下原则：平皿菌落的计算，可用肉眼观察，必要时用放大镜检查，防止遗漏，也可借助于菌落计数器计数。对那些看来相似，并且长得相当接近，但并不相触的菌落，只要它们之间的距离至少相当于最小菌落的直径，便应该予以计数。对链状菌落，看来似乎是由一团细菌在琼脂培养基和水样的混合中被崩解所致，应把这样的一条链当作一个菌落来计数，不可去数链上各个单一的菌链。若同一个稀释度中一个平皿有较大片状菌落生长时，则不宜采用，而应以无片状菌落生长的平皿计数该稀释度的平均菌落数。若片状菌落少于平皿的一半时，而另一半中菌落分布又均匀，则可将其菌落数的 2 倍作为全皿的数目。在记下各平皿菌落数后，应算出同一稀释度的平均菌数，供下一步计算时用。

3.10.5　注意事项

使用过的玻璃器皿要在 121℃ 高压灭菌 20min 后，才能洗净、烘干，供下次使用。

3.10.6　实验报告

将实验数据填入表 3-10-2，并报告所检测水样的细菌总数。

表 3-10-2　细菌菌落总数

组别	稀释浓度及菌落数			板菌落状况	报告方式选取	菌落总数
	10^{-2}	10^{-3}	10^{-4}			
1					最低稀释度下菌落数×稀释倍数	
2						
平均						

3.10.7　思考题

① 微生物的计数应考虑哪些原则？

② 培养时，为什么要把已接种的培养基倒置保温培养？

③ 你所测的水源的污染程度如何？

④ 国家对自来水的细菌总数有一标准，那么各地能否自行设计其测定条件（诸如培养温度、培养时间等）来测定水样细菌总数呢？为什么？

3.11　水体总大肠菌群的测定

3.11.1　实验目的

① 了解水中肠道细菌常规检测的卫生学意义和基本原理；

② 掌握测定水中总大肠菌群数的全过程及具体操作方法；

③ 通过检验过程，了解大肠菌群的生化特征。

3.11.2　实验原理

水中的病原菌多数来源于病人和病畜的粪便。人的肠道中主要存在 3 大类细菌：①大肠菌群；②肠球菌；③产气荚膜杆菌。由于大肠菌群的数量大，在体外存活时间与肠道致病菌相近，且检验方法比较简便，因此一般采用测定大肠菌群或大肠杆菌的数量作为水被粪便污染的标志。如果水中大肠菌群的菌体数超过一定的数量，则说明此水已被粪便污染，并有可能含有病原菌。

大肠菌群是指那些在乳糖培养基中，经 37℃，24～48h 培养后能产酸产气的需氧及兼性厌氧、革兰氏阴性、无芽孢的杆状细菌。主要包括埃希菌属、柠檬酸杆菌属、肠杆菌属、克雷伯菌属等菌属的细菌。大肠杆菌的检测方法主要有多管发酵法和滤膜法，其中多管发酵法是标准分析法。

多管发酵法是以最大可能数（most probable number，MPN）来表示试验结果的，实际上也是根据统计学理论（概率论）估计水体中大肠杆菌群密度和卫生质量的一种方法，为我国大多数卫生单位和水厂所使用。它包括初发酵试验、平板分离和复发酵试验 3 个部分。

3.11.3　实验器材

① 样品：河水、湖水等。

② 培养基：乳糖蛋白胨培养基、伊红美蓝（EMB）琼脂培养基（或品红亚硫酸钠琼脂培养基。）(培养基的配制方法见附录Ⅱ。)

③ 溶液及试剂：牛肉膏、蛋白胨、NaCl、琼脂粉、乳糖、K_2HPO_4、Na_2SO_3、1.6%的溴甲酚紫乙醇溶液、5%的碱性品红乙醇溶液、2%伊红（曙红）水溶液、0.5%美蓝（亚甲蓝）水溶液、95%乙醇、结晶紫、1%草酸铵溶液、碘、碘化钾、番红、100g/L NaOH、10% HCl、无菌蒸馏水、精密 pH 试纸（6.4～8.4）等。（各种染料及试剂的配制方法见附录Ⅲ，附录Ⅳ。）

④ 仪器及其他用具：高压灭菌锅、恒温培养箱、冰箱、光学显微镜、载玻片、酒精灯、接种环、量筒、培养皿、试管、杜汉氏小管、移液枪、烧杯、锥形瓶、采样瓶。

3.11.4　实验方法

（1）水样的采集

供细菌学检验的水样，必须按一般无菌操作的基本要求采集，并保证在运送、贮存过程中不受污染。水样从采集到检验不应超过 4h，在 0～4℃下保存不应超过 24h，如不能在 4h 内分析，应在检验报告上注明保存时间和条件。

采样瓶应先灭菌，采样后，瓶内应留有空隙。如果与其他化验项目联合取样，细菌学分析水样应采在其他样品之前。

（2）初发酵试验

① 准备培养基

取 15 支试管，其中 5 个试管中各加入 5mL 的三倍浓缩乳糖蛋白胨培养基；10 个试管中各加入 10mL 的普通乳糖蛋白胨培养基；加完培养基后，向每支试管中加入 1 个小倒管（杜汉氏小管），用海绵硅胶塞将试管塞好、扎紧，然后放入高压灭菌锅灭菌。

② 稀释水样

用移液枪吸取水样 10mL 放于盛有 90mL 无菌水和若干玻璃珠的锥形瓶中，充分振荡混合均匀，并使其中的细菌尽量呈单个存在，即为 10^{-1} 稀释液；再从 10^{-1} 制备 10^{-2} 稀释液，依此类推，稀释到所需倍数。

③ 接种

在无菌环境下分别向 5 支三倍浓缩乳糖蛋白胨培养基（接种前一定应先检查杜汉氏小管内有无气泡）中各加入水样 10mL；5 支普通乳糖蛋白胨培养基试管中各加入水样 1mL；另 5 支普通乳糖蛋白胨培养基试管中各加入 10^{-1} 稀释液 1mL，将各管充分混匀。

④ 培养

将加过水样的试管塞好、扎紧，放入 37℃恒温培养箱中培养 24h。

⑤ 结果观察

37℃中培养 24h 后取出观察，观察有无气体（杜汉氏小管内有无气体）和酸产生（培养基有无变色）。在 48h 之间，培养管内倒置的杜汉氏小管内有任何量的气体积累，或培养基颜色从紫色变为黄色，便可初步断定为阳性反应（图 3-11-1）。

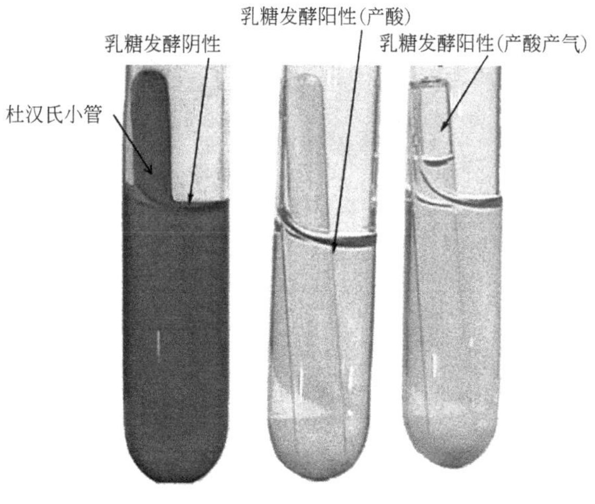

若实验所测定的 15 支管中均为阳性反应，说明浓水样污染严重，可将样品进一步稀释后，再按上述方法接种，培养和观察。

图 3-11-1　乳糖发酵试验

（3）平板培养试验

① 准备培养基

取三个灭过菌的培养皿，向其中加入配制好的伊红美蓝琼脂培养基（或品红亚硫酸钠琼脂培养基），加入量以平铺整个培养皿为止。整个过程必须在酒精灯火焰的外围进行以保证无菌环境。待伊红美蓝琼脂培养基（或品红亚硫酸钠琼脂培养基）冷却凝固，冷却过程中不能移动培养皿以保证凝固后的培养皿表面光滑平整。

② 接种

将产酸产气及只产酸的发酵管分别划线接种在伊红美蓝琼脂培养基（或品红亚硫酸钠琼脂培养基）上。（整个过程也必须在酒精灯火焰的外围进行。）

③ 培养

将划过线的培养皿放入37℃恒温培养箱中，培养24h。放置时，应将培养皿倒置，以防止水分的挥发和大水滴的滴落。

为了确保获得分离的是单菌落，须注意以下事项：a.划线间距至少相隔0.5cm；b.接种钉尖端要稍弯；c.先对试管轻击并使之倾斜，以免接种针挑取到任何膜状物或浮渣；d.划线时要用接种环的弯曲部分接触琼脂培养基平面，以免刮伤或戳破培养基。

④ 结果观察

24h后，观察在平板上出现的单个菌落。

在伊红美蓝琼脂培养基上可能出现三种菌落：深紫黑色，具有金属光泽的菌落；紫黑色，不带或略带金属光泽的菌落；淡紫红色，中心颜色较深的菌落。在品红亚硫酸钠琼脂培养基上会出现：紫红色，具有金属光泽的菌落；深红色，不带或略带金属光泽的菌落；淡红色，中心颜色较深的菌落。

有深绿色金属光泽者为较典型的大肠菌群菌落（图3-11-2、图3-11-3）。尽可能挑取典型的或接近典型的大肠菌群菌落，在营养琼脂斜面上划线，置于37℃恒温培养箱中培养24h。挑取斜面培养物制成涂片，进行革兰氏染色，凡属革兰氏阴性杆菌，即确认了大肠菌群的存在。

生长在伊红美蓝琼脂培养基上的
变形杆菌

生长在伊红美蓝琼脂培养基上的
大肠杆菌

图3-11-2　伊红美蓝培养试验

图3-11-3　生长在伊红美蓝琼
脂培养基上的大肠杆菌

（4）复发酵验证试验

① 准备培养基

取三支试管，在每个试管中加入10mL普通浓度乳糖蛋白胨培养基，加入杜汉氏小管，塞好、扎紧放入高压蒸汽灭菌锅中灭菌。

② 复发酵

上述涂片镜检的菌落如为革兰氏阴性无芽孢杆菌，则挑取该菌落的另一部分再接种于普通浓度乳糖蛋白胨培养液中（内有杜汉氏小管），每管可接种分离自同一初发酵管的最典型的菌落1~3个，盖好盖子。整个过程必须在酒精灯火焰外围的无菌环境中进行。然后将3支试管放入37℃恒温培养箱中培养48h。有产酸、产气者（不论杜汉氏小管内气体多少皆作为产气论），即证实有总大肠菌群存在。

（5）结果计算

在初发酵试验中，可能有极少数能发酵乳糖产气的非大肠菌群细菌混在阳性可疑反应管中。通过对初发酵中的阳性可疑管进行平板和复发酵试验，并进行革兰氏染色和细菌形态的观察，可将那些少量的非大肠菌群细菌（"假阳性管"）除去，故在记录时只能把三步试验都呈阳性的试管计入阳性反应管。

表 3-11-1 为接种 5 份 10mL 水样、5 份 1ml 水样 5 份 0.1mL 水样时，不同阳性及阴性情况下 100mL 水样中细菌数的最可能数和 95% 可信限值。

表 3-11-1　最可能数（MPN）和 95% 可信限值表

出现阳性份数			每 100mL 水样中细菌数的最可能数	95% 可信限值		出现阳性份数			每 100mL 水样中细菌数的最可能数	95% 可信限值	
10mL 管	1mL 管	0.1mL 管		下限	上限	10mL 管	1mL 管	0.1mL 管		下限	上限
0	0	0	<2			4	2	1	26	9	78
0	0	1	2	<0.5	7	4	3	0	27	9	80
0	1	0	2	<0.5	7	4	3	1	33	11	93
0	2	0	4	<0.5	11	4	4	0	34	12	93
1	0	0	2	<0.5	7	5	0	0	23	7	70
1	0	1	4	<0.5	11	5	0	1	34	11	89
1	1	0	4	<0.5	11	5	0	2	43	15	110
1	1	1	6	<0.5	15	5	1	0	33	11	93
1	2	0	6	<0.5	15	5	1	1	46	16	120
2	0	0	5	<0.5	13	5	1	2	63	21	150
2	0	1	7	1	17	5	2	0	49	17	130
2	1	0	7	1	17	5	2	1	70	23	170
2	1	1	9	2	21	5	2	2	94	28	220
2	2	0	9	2	21	5	3	0	79	25	190
2	3	0	12	3	28	5	3	1	110	31	250
3	0	0	8	1	19	5	3	2	140	37	310
3	0	1	11	2	25	5	3	3	180	44	500
3	1	0	11	2	25	5	4	0	130	35	300
3	1	1	14	4	34	5	4	1	170	43	190
3	2	0	14	4	34	5	4	2	220	57	700
3	2	1	17	5	46	5	4	3	280	90	850
3	3	0	17	5	46	5	4	4	350	120	1000
4	0	0	13	3	31	5	5	0	240	68	750
4	0	1	17	5	46	5	5	1	350	120	1000
4	1	0	17	5	46	5	5	2	540	180	1400
4	1	1	21	7	63	5	5	3	920	300	3200
4	1	2	26	9	78	5	5	4	1600	640	5800
4	2	0	22	7	67	5	5	5	≥2400	—	—

根据证实总大肠菌群存在的阳性管数，查表 3-11-1 "最可能数表"，即求得每 100mL 水样中存在的总大肠菌群数。

对于污染严重的地表水或废水，初发酵的接种水样可进一步稀释。如果初发酵接种水样量为 10mL，1mL，0.1mL，而不是较低或较高的三个水样量，可直接查表求得大肠菌群指数（MPN），再经下列公式换算成每 100mL 的 MPN 值。

$$MPN = MPN 指数 \times 10(mL) / 接种量最大的一管的水样(mL)$$

例如，10mL 发酵管中 5 个阳性，1mL 发酵管中 4 个阳性，0.1mL 发酵管中 2 个阳性，查表 3-11-1 可得：每 100mL 水样中菌数最大可能值为 220，大肠菌群数为 220 个/100mL，如水样中的细菌总数为 80 个/mL，则大肠菌群数占细菌总数＝220/80000＝2.75％。

3.11.5 注意事项

(1) 接种前的准备工作

① 检查接种工具，进行环境消毒。微生物检测实验室尽可能为独立房间，避免环境污染。实验前 30min 将无菌室的紫外灯打开对环境进行消毒，进入房间后关闭紫外灯。实验开始前用 75％乙醇将台面和双手进行消毒。

② 在欲接种的培养基试管上贴好标签，标上接种的菌名、操作者、接种日期等。

③ 将培养基、接种工具及其他试验涉及的用品全部放在实验台上摆好，进行环境消毒。

(2) 初发酵接种

将移液枪调整至取样体积，装上已消毒的相应枪头，分别取三个不同体积的水样至已消毒灭菌的装有普通浓度乳糖蛋白胨培养液的试管中。接种之前应充分摇匀采样瓶中的水样。当接种量小于 1mL 时，应采取逐级稀释法进行接种，如要接种量为 0.01mL 水样，可在无菌操作条件下，先从样品中取 1mL 水样接种于已灭菌的生理盐水试管中置于微型旋涡混合器上振荡均匀，再从上述试管中取 1mL 水样接种于上述已灭菌的生理盐水试管中在微型旋涡混合器上振荡均匀。最后从此试管中取 1mL 水样接种于灭菌后的发酵管中进行发酵培养。

(3) 复发酵接种

将产酸产气的发酵管进行镜检，当镜检为革兰氏阴性无芽孢杆菌时，进行复发酵试验（也可不进行镜检，直接进行复发酵试验）。

(4) 试验过程应严格在无菌条件下进行，同时注意个人防护措施，做实验时应穿实验服（有条件的应穿隔离衣），穿戴口罩、鞋套、手套、头套等。试验结束时实验室废弃物应进行消毒处理（高压灭菌锅灭菌），应对实验室进行乙醇/过氧化氢拖洗，实验台擦洗等，最后用紫外线灯对环境进行消毒。

3.11.6 实验报告

① 简述实验过程。

② 记录实验结果（见表 3-11-2）

表 3-11-2　水体总大肠菌群测定实验结果

实验结果		原溶液					10^{-1}	10^{-2}	空白对照
初发酵	产酸								
	产气								
EMB平板培养试验	紫黑色								
	淡紫红色								
革兰氏染色	G$^-$								
阳性管数	—								

注：阳性用"＋"表示，阴性用"－"表示

3.11.7　思考题

①　测定总大肠菌群数的意义是什么？为什么要选择大肠菌群作为水源被肠道病原菌污染的指示菌？

②　EMB（伊红美蓝培养基）含有哪几种主要成分？在检查大肠菌群时，各起什么作用？

③　实验过程中有什么问题，你认为原因何在，如何克服？

3.12　藻类叶绿素 a 的测定

3.12.1　实验目的

①　了解富营养化水体评价方法；
②　掌握藻类叶绿素含量的测定原理及方法。

3.12.2　实验原理

　　叶绿素是植物进行光合作用的主要脂溶性色素，它在光合作用的光吸收中起核心作用。所有光合器官中都含有叶绿素。叶绿素 a 和叶绿素 b 都溶于乙醇、乙醚、丙酮等，难溶于石油醚，有旋光性，主要吸收橙红光和蓝光。因此，这两种光对光合作用最有效。当植物细胞死亡后，叶绿素即游离出来，游离叶绿素很不稳定，光、热、酸、碱、氧、氧化剂等都会使其分解。在酸性条件下，叶绿素中的镁原子很容易被酸中的氢原子所取代，使绿色消失而变黄，叶绿素生成绿褐色的脱镁叶绿素，加热会使反应加速进行。

　　叶绿素的实验室测量方法有分光光度法、荧光法、色谱法等，其中以传统的分光光度法应用最为广泛。

　　根据叶绿体色素提取液对可见光谱的吸收性，利用分光光度计在某一特定波长下测定其吸光度，即可用公式计算出提取液中各色素的含量。

　　根据朗伯-比尔定律（Lambert-Beer law），某有色溶液的吸光度 A 与其中溶质浓度 c 和液层厚度 L 成正比。

$$A = KcL$$

　　式中，K 为吸光系数；c 为溶液浓度；L 为液层厚度。

　　各有色物质溶液在不同波长下的吸光系数可通过测定已知浓度的纯物质在不同波长下的

吸光度而求得。如果溶液中有数种吸光物质，则此混合液在某一波长下的总吸光度等于各组分在相应波长下吸光度的总和，这就是吸光度的加和性。

（1）单色法

已知叶绿素 a 的 80% 丙酮提取液在红光区的最大吸收峰分别为 663nm 和 645nm，又知在波长 663nm 下，叶绿素 a 在该溶液中的比吸收系数为 82.04，因此 $C_a = A_{663}/82$，可以计算出叶绿素 a 的含量（mg/L）。

（2）三色法

已知叶绿素 a、叶绿素 b 的 80% 丙酮提取液在红光区的最大吸收峰分别为 663nm 和 645nm，且两吸收曲线相交于 652nm 处（图 3-12-1）。因此测定提取液在 663nm、645nm、652nm 波长下的吸光值，根据经验公式便可分别计算出叶绿素 a、叶绿素 b 和总叶绿素的含量。

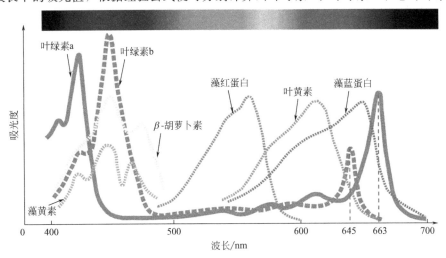

图 3-12-1　叶绿素 a 与叶绿素 b 在红光区的吸收峰

已知在波长 663nm 下，叶绿素 a、叶绿素 b 在该溶液中的比吸收系数分别为 82.04 和 9.27，在波长 645nm 下分别为 16.75 和 45.60，可根据加和性原则列出以下关系式：

$$A_{663} = 82.04 C_a + 9.27 C_b \tag{1}$$

$$A_{645} = 16.75 C_a + 45.6 C_b \tag{2}$$

式中，A_{663}、A_{645} 分别为波长 663nm 和 645nm 处测定叶绿素溶液的吸光度值；C_a、C_b 分别为叶绿素 a、叶绿素 b 的浓度，g/L。

解联立方程式（1）、式（2）可得以下方程：

$$C_a(g/L) = 0.0127 A_{663} - 0.00259 A_{645} \tag{3}$$

$$C_b(g/L) = 0.0229 A_{645} - 0.00467 A_{663} \tag{4}$$

如把叶绿素含量单位由 g/L 改为 mg/L，式（3）、式（4）则可改写为：

$$C_a(mg/L) = 12.7 A_{663} - 2.59 A_{645} \tag{5}$$

$$C_b(mg/L) = 22.9 A_{645} - 4.67 A_{663} \tag{6}$$

叶绿素总量（C_T）：

$$C_T(mg/L) = C_a + C_b = 20.31 A_{645} + 8.03 A_{663} \tag{7}$$

叶绿素总量也可根据下式求导：

$$A_{652} = 34.5 C_T$$

由于 652nm 为叶绿素 a 与叶绿素 b 在红光区吸收光谱曲线的交叉点（等吸收点），两者有相同的比吸收系数（均为 34.5），因此也可以在此波长下测定一次吸光度（A_{652}）求出叶绿素总量：

$$C_T(g/L)=A_{652}/34.5$$

$$C_T(mg/L)=A_{652}\times1000/34.5 \tag{8}$$

因此，可利用式(5)、式(6)可分别计算叶绿素 a 与叶绿素 b 含量，利用式(7)或式(8)可计算叶绿素总含量。

从上可见，叶绿素提取后测定又可以分为两种：单色法（663nm）与三色法（645nm、663nm、652nm）。具体使用单色法还是三色法将依据测定对象而定。

常见浮游植物叶绿素 a 测定方法包括：标准方法、超声波法、反复冻融法、延时提取法、热丙酮法、丙酮加热法、热乙醇法、混合溶剂法等。丙酮加热法测量叶绿素 a 具有提取效率高、数据稳定性好、操作耗时短、操作简便等优点，尤其是应急监测或大批量水环境样品测定时更显现优势。

3.12.3　实验器材

① 材料：铜绿微囊藻（*Microcystis aeruginosa*）、蛋白核小球藻（*Chlorella pyrenoidosa*）。

② 溶液及试剂：80％丙酮水溶液。

③ 仪器及其他用具：分光光度计、比色皿、离心机、水浴锅、温度计、离心管、移液枪、枪头、锡箔纸、刻度试管。

3.12.4　实验方法

3.12.4.1　蓝藻叶绿素的测定（单色法）

① 样品浓缩：用移液枪吸取 2mL 铜绿微囊藻（蓝藻）液置于 10mL 离心管中，12000r/min 离心 5min，用移液枪吸去上清液。

② 色素提取：在离心管中加入 2mL 80％丙酮水溶液，用锡箔纸完全包裹离心管，并置于光线较暗处 55℃水浴 30min，12000r/min 离心 5min，吸出上清液转移至 10mL 刻度试管中，并用 80％丙酮定容至 5mL。

③ 测定：取一比色皿，以 80％丙酮水溶液为空白，测定萃取液在 663nm 处的光吸收值，每个样品测定三次，相对误差应小于 5％。测定结果按照 $C_a=A_{663}/82$，计算出叶绿素的含量（mg/L）。

3.12.4.2　绿藻叶绿素的测定（三色法）

① 样品浓缩：用移液枪吸取 2mL 蛋白核小球藻（绿藻）液置于 10mL 离心管中，12000r/min 离心 5min，用移液枪吸去上清液。

② 色素提取：在离心管中加入 2mL 80％丙酮水溶液，用锡箔纸完全包裹离心管，并置于光线较暗处 55℃水浴 60min，12000r/min 离心 5min，吸出上清液转移至 10mL 刻度试管中，并用 80％丙酮定容至 5mL。

③ 测定：将上清液倒入比色皿中，分别测定萃取液在 663nm、645nm、652nm 处的光吸收值，每个样品测定三次，相对误差应小于 5％。测定结果按照三色法公式，可计算出叶绿素 a、叶绿素 b 与总叶绿素的含量（mg/L）。

環境微生物学实验

根据下式，计算出原藻液中各叶绿素的含量（mg/L）：
$$C_{chl}(mg/L) = C(mg/L) \times 提取液总量(L)/初始体积(L)$$
根据下式，计算出不同藻液中单个细胞各叶绿素的含量（g/个）：
$$C_{chl}(g/个) = C(mg/L) \times 提取液总量(L)/藻细胞总数(个)$$

3.12.5 注意事项

① 在实验过程中，要控制好加热的时间与温度，且需要采取避光措施。温度过高、有光照以及加热时间过长，均可能破坏叶绿素 a 的稳定性。

② 丙酮挥发性强，并具有一定毒性，提取过程中要注意个人防护。

3.12.6 实验报告

① 将不同波长下分别测得的蓝藻和绿藻的吸光度，记录在表 3-12-1 中。

表 3-12-1 不同波长下的蓝藻、绿藻吸光度

波长/nm	663	645	652
蓝藻		—	—
绿藻			

② 根据下式，计算蓝藻的叶绿素含量。
$$C_a = A_{663}/82$$
根据下列公式，分别计算绿藻的叶绿素 a、叶绿素 b 与总叶绿素含量。
$$C_a(mg/L) = 12.7A_{663} - 2.69A_{645}$$
$$C_b(mg/L) = 22.9A_{645} - 4.68A_{663}$$
$$C_T(mg/L) = A_{652} \times 1000/34.5$$
并将计算结果记录在表 3-12-2 中。

表 3-12-2 蓝藻、绿藻中叶绿素 a、叶绿素 b 与总叶绿素含量 单位：mg/L

藻类名称	叶绿素 a	叶绿素 b	总叶绿素
蓝藻（单色法）		—	—
绿藻（三色法）			

③ 已知：提取液总量 5mL，初始体积 2mL，根据下式，计算出原蓝藻和绿藻溶液中各叶绿素的含量（mg/L）：
$$C_{chl}(mg/L) = C(mg/L) \times 提取液总量(L)/初始体积(L)$$
并将计算结果记录在表 3-12-3 中。

表 3-12-3 蓝藻、绿藻溶液中各叶绿素的含量 单位：mg/L

藻类名称	叶绿素 a	叶绿素 b	总叶绿素
蓝藻		—	—
绿藻			

136

④ 假设：蓝藻藻液密度为 4.0×10^7 个/mL，即每毫升蓝藻藻液中含有 4.0×10^7 个蓝藻细胞；绿藻藻液密度为 8.0×10^7 个/mL，即每毫升绿藻藻液中含有 8.0×10^7 个绿藻细胞。根据下式，计算出蓝藻和绿藻中单个细胞各叶绿素的含量（g/个）：

$$C_{chl}(g/个) = C(mg/L) \times 提取液总量(L)/藻细胞总数(个)$$

并将计算结果记录在表 3-12-4 中。

表 3-12-4　蓝藻、绿藻单个细胞中各叶绿素的含量　　　单位：g/个

藻类名称	叶绿素 a	叶绿素 b	总叶绿素
蓝藻		—	
绿藻			

3.12.7　思考题

① 藻类叶绿素测定的基本原理是什么？
② 为什么蓝藻只采用单色法测定叶绿素？
③ 分别用单色法与三色法测定绿藻叶绿素，其结果相同吗？为什么？
④ 计算藻类叶绿素 a 与叶绿素 b 含量的比值，可以得到什么结论？

3.13　荧光原位杂交实验

3.13.1　实验目的

① 通过实验了解荧光原位杂交技术的基本原理和在生物学、医学领域的应用。
② 掌握荧光原位杂交技术的操作方法，熟练掌握荧光显微镜的使用方法。

3.13.2　实验原理

荧光原位杂交（fluorescence in situ hybridization，FISH）是一门新兴的分子细胞遗传学技术，是 20 世纪 80 年代末期在原有的放射性原位杂交技术的基础上发展起来的一种非放射性原位杂交技术。目前这项技术已经广泛应用于动植物基因组结构研究、染色体精细结构变异分析、病毒感染分析、人类产前诊断、肿瘤遗传学和基因组进化研究等许多领域。FISH 的基本原理是用已知的标记单链核酸为探针（probe），按照碱基互补的原则，与待检材料中未知的单链核酸进行特异性结合，形成可被检测的杂交双链核酸。由于 DNA 分子在染色体上是沿着染色体纵轴呈线性排列，因而探针可以直接与染色体进行杂交从而将特定的基因在染色体上定位。与传统的放射性原位杂交相比，荧光原位杂交具有快速、检测信号强、杂交特异性高和可以多重染色等特点，因此在分子细胞遗传学领域受到普遍关注。

杂交所用的探针大致可以分类三类：①染色体特异重复序列探针，例如 α 卫星、卫星Ⅲ类的探针，其杂交靶位常大于 1Mb，不含散在重复序列，与靶位结合紧密，杂交信号强，易于检测；②全染色体或染色体区域特异性探针，由一条染色体或染色体上某一区段上极端

不同的核苷酸片段所组成，可由克隆到噬菌体和质粒中的染色体特异大片段获得；③特异性位置探针，由一个或几个克隆序列组成。

探针的荧光素标记可以采用直接或间接标记的方法。间接标记是采用生物素标记 DNA 探针，杂交之后用偶联有荧光素标记的亲和素（FITC-avidin）或链霉亲和素（streptavidin）进行检测，同时还可以利用亲和素-生物素-荧光素复合物（avidin-biotin-fluorescein complex），将荧光信号进行放大，从而可以检测 500bp 的片段（图 3-13-1）。而直接标记法是将荧光素直接与探针核苷酸或磷酸戊糖骨架共价结合，或在缺口平移法标记探针时将荧光素核苷三磷酸掺入。直接标记法在检测时步骤简单，但由于不能进行信号放大，因此灵敏度不如间接标记的方法。

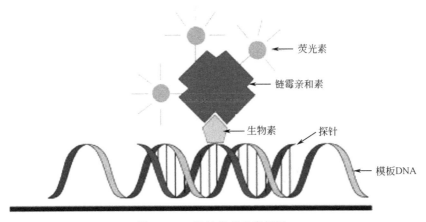

图 3-13-1 探针的荧光素标记

荧光原位杂交实验流程如图 3-13-2 所示。

3.13.3 实验器材

① 仪器：恒温水浴锅、培养箱、染色缸、荧光显微镜、移液器、暗盒、高速离心机、高压灭菌锅。

② 材料：人的 Myo D1（MYF3）基因探针、人外周血中期染色体细胞标本、指甲油、载玻片、甲酰胺、氯化钠、柠檬酸钠、封口膜、氢氧化钠、吐温 20。

③ 相关溶液：20×SSC（柠檬酸钠缓冲液）去离子甲酰胺（DF）、70%甲酰胺/2×SSC、50%甲酰胺/2×SSC、50%硫酸葡聚糖（DS）、杂交液、PI/antifade 溶液、DAPI/antifade 溶液、封闭液 I、封闭液 II、荧光检测试剂稀释液、冰乙醇、洗脱液等。（试剂的配制方法见附录 IV。）

3.13.4 实验方法

实验包括以下步骤：FISH 样本的制备→探针的制备→探针标记→杂交→（染色体显带）→荧光显微镜检测→结果分析。

（1）探针变性

将探针在 75℃恒温水浴中温育 5min 后，立即置于 0℃，5～10min，使双链 DNA 探针变性。

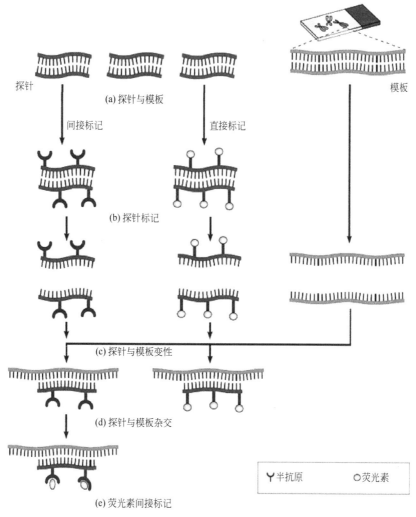

探针

(a) 探针与模板

间接标记　　　　　　　　直接标记

(b) 探针标记

模板

(c) 探针与模板变性

(d) 探针与模板杂交

Y 半抗原　　　○荧光素

(e) 荧光素间接标记

图 3-13-2　荧光原位杂交实验流程

（2）标本变性

① 将制备好的染色体玻片标本于 50℃ 培养箱中烤片 2～3h。（经 Giemsa 染色的标本需预先在固定液中脱色后再烤片）。

② 取出玻片标本，将其浸在 70～75℃ 的体积分数 70% 甲酰胺/2×SSC 的变性液中变性 2～3min。

③ 立即按顺序将标本经体积分数 70%、体积分数 90% 和体积分数 100% 冰乙醇系列脱水，每次 5min，然后空气干燥。

（3）杂交

将已变性或预退火的 DNA 探针 10μL 滴于已变性并脱水的玻片标本上，盖上 18mm×18mm 盖玻片，用 Parafilm 封片，置于潮湿暗盒中 37℃ 杂交过夜（约 15～17h）。由于杂交液较少，而且杂交温度较高，持续时间又长，因此为了保持标本的湿润状态，此过程需在湿盒中进行。

(4) 洗脱

洗脱的目的是除去非特异性结合的探针，从而降低本底值。

① 杂交次日，将标本从37℃温箱中取出，用刀片轻轻将盖玻片揭掉。

② 将已杂交的玻片标本放置于已预热的42～50℃的体积分数50%甲酰胺/2×SSC中洗涤3次，每次5min。

③ 在已预热的42～50℃的1×SSC中洗涤3次，每次5min。

④ 在室温下，将玻片标本于2×SSC中轻洗一下。

⑤ 取出玻片，自然干燥。

⑥ 取200μL复染溶液（PI/antifade或DAPI/antifade溶液）滴加在玻片标本上，盖上盖玻片。

(5) 杂交信号的放大（适用于使用生物素标记的探针）

① 在玻片的杂交部位滴加150μL封闭液Ⅰ，用保鲜膜覆盖，37℃温育20min。

② 去掉保鲜膜，再滴加150μL avidin-FITC于标本上，用保鲜膜覆盖，37℃继续温育40min。

③ 取出标本，将其放入42～50℃预热的洗脱液中洗涤3次，每次5min。

④ 在玻片标本的杂交部位滴加150μL封闭液Ⅱ，覆盖保鲜膜，37℃温育20min。

⑤ 去掉保鲜膜，滴加150μL抗亲和素（antiavidin）于标本上，覆盖新的保鲜膜，37℃温育40min。

⑥ 取出标本，将其放入已预热的42～50℃的新洗脱液中，洗涤3次，每次5min。

⑦ 重复步骤①②③，再于2×SSC中室温清洗一下。

⑧ 取出玻片，自然干燥。

⑨ 取200μL PI/antifade溶液滴加在玻片标本上，盖上盖玻片。

(6) 封片

可采用不同类型的封片液。如果封片液中不含有Mowiol（可使封片液产生自封闭作用），为防止盖片与载片之间的溶液挥发，可使用指甲油将盖片周围封闭。封好的玻片标本可以在−70～−20℃的冰箱中的暗盒中保存数月之久。

(7) 荧光显微镜观察 FISH 结果

先在可见光源下找到具有细胞分裂相的视野，然后打开荧光激发光源，FITC的激发波长为490nm。细胞被PI染成红色，而经FITC标记的探针所在位置会发出绿色荧光。

几种荧光染料的激发及发射波长如表3-13-1所示。

表 3-13-1 几种荧光染料的激发及发射波长

荧光染料	激发波长/nm	发射波长/nm	适用激发光
FITC	490	520	IB
Rhodamine	511	572	IG
Texas Red	596	620	IY
Cy3	515	570	B、BV
DAPI	345	455	U
PI	530	615	IB、G、IG

3.13.5　注意事项

① 尽可能保证环境温度在 20℃ 以上。
② 对温度有要求的试剂，预热时必须使用温度计。

3.13.6　实验报告

① 打印 FISH 图片。
② 分析实验结果。

3.13.7　思考题

① 通过实验总结荧光原位杂交实验的技术关键。
② 实验中是否会出现假阳性？为什么？

3.14　活性污泥中微生物总 DNA 的提取

3.14.1　实验目的

① 学习、掌握 CTAB 法提取 DNA 的原理；
② 掌握环境样品 DNA 提取技术；
③ 掌握琼脂糖电泳的检测原理和方法。

3.14.2　实验原理

活性污泥是一种以好氧性细菌为主体的微生物与水中的悬浮物质、胶体物质混杂在一起形成的肉眼可见的絮状颗粒，它是废水生物处理过程的主体。活性污泥中微生物总 DNA 的提取和纯化方法主要由两部分组成：①使用物理、化学方法或酶解作用裂解细胞，使 DNA 释放出来；②采用化学或酶学方法去除杂蛋白、RNA 及其他的大分子。本实验介绍的就是一种简便提取活性污泥中微生物总 DNA 的方法：先将活性污泥在液氮中研磨，以机械力破碎细胞壁，然后加入阳离子去污剂十六烷基三甲基溴化铵（cetyl trimethyl ammonium bromide，CTAB）分离缓冲液，使细胞膜破裂，同时将核酸与微生物多糖等杂质分开，再经氯仿-异戊醇抽提去除蛋白质，即可得到微生物总 DNA。

琼脂糖是一种天然聚合长链状分子，可以形成具有刚性的滤孔，凝胶孔径的大小取决于琼脂糖的浓度。DNA 分子在碱性缓冲液中带负电荷，在外加电场作用下向正极泳动。DNA 分子在琼脂糖凝胶中泳动时，有电荷效应与分子筛效应，其迁移速率由 DNA 的分子量大小及构型决定。琼脂糖凝胶电泳法分离 DNA，主要是利用分子筛效应使不同大小的 DNA 分子分离，将分子量标准参照物和样品一起进行电泳可检测出 DNA 的分子量。溴化乙锭（EB）在紫外光照射下发射荧光，EB 可与 DNA 分子形成 EB-DNA 复合物，其荧光强度与 DNA 的含量成正比。据此可粗略估计样品 DNA 浓度。

3.14.3　实验器材

① 样品：活性污泥。

② 仪器及设备：锥形瓶、离心管、水浴锅、离心机、电泳槽、电泳仪、摇床、移液枪、超净工作台、电磁炉、紫外成像仪。

③ 溶液及试剂：液氮、异丙醇、DNA 抽取液、氯仿-异戊醇、RNase、TE 缓冲液、无水乙醇、75%乙醇、5mol/L NaAc、CTAB 分离缓冲液、TAE 缓冲液（50×）（pH8.0）、溴酚蓝-甘油指示剂、0.5mg/mL 溴化乙锭染液等。（试剂的配制方法见附录Ⅳ。）

3.14.4 实验方法

(1) 总 DNA 提取

① 取约 2g 风干活性污泥置于研钵中，用液氮磨至粉状。

② 加入 0.75mL 的 DNA 抽取液，轻轻搅动。

③ 将磨碎液倒入 1.5mL 的灭菌离心管中，磨碎液的高度约占管的 2/3。

④ 置于 60℃的水浴槽或恒温箱中，每隔 10min 轻轻摇动，45min 后取出。

⑤ 冷却 2min 后，加入氯仿-异戊醇（24∶1）至满管，上下摇动 5min，使二者混合均匀。

⑥ 10000r/min 离心 10 min，与此同时，将 600μL 的预冷的异丙醇加入另一新的无菌离心管中。

⑦ 离心后，用移液枪轻轻地吸取上清液，转入含有异丙醇的离心管内，将离心管慢慢上下摇动 30s，使异丙醇与水层充分混合，至见到 DNA 絮状物。

⑧ 1000r/min 离心数秒，立即倒掉上清液，注意勿将白色 DNA 沉淀倒出，将离心管倒立于铺开的纸巾上。

⑨ 60～90s 后，直立离心管，加入 720μL 的 75%预冷的乙醇及 80μL 5mol/L 的醋酸钠，轻轻转动，用手轻弹管底，使沉淀与管底的 DNA 块状物浮游于液体中。

⑩ 放置 30min，使 DNA 块状物的不纯物溶解。

⑪ 10000r/min 离心数秒，倒掉上清液，再加入 500μL 75%预冷的乙醇，将 DNA 再洗 30min。

⑫ 1000r/min 离心 1min，立即倒掉上清液，将离心管倒立于铺开的纸巾上，数分钟后，立起离心管，干燥 DNA（自然风干或用风筒吹干）。

⑬ 加入 100μL 1×TE 缓冲液，使 DNA 溶解。

⑭ 加入 3μL RNase，置于 37℃恒温箱约 1.5h，使 RNA 水解，准备电泳检测。

(2) 琼脂糖凝胶电泳

琼脂糖凝胶电泳操作过程如图 3-14-1 所示，具体步骤如下：

① 制胶：称取琼脂糖粉末，置于锥形瓶中，加入 TAE 缓冲液配成 0.8%的浓度，加热使琼脂糖全部熔化于缓冲液中，待溶液温度降至 65℃时，立即倒入制胶槽中，插入样品梳。在室温放置 0.5～1h，待凝胶全部凝结后，轻轻拔出样品梳。然后在电泳槽中加入电泳缓冲液直到没过凝胶为止。

② 加样：取 10～20μL DNA 溶液（约 0.5～1μg DNA），加入 1/4 体积的溴酚蓝-甘油指示剂，混匀后小心加到样品槽中。同时另取一个已知分子量的标准 DNA 水解液，在同一凝胶板上进行电泳。

③ 电泳：维持恒压 100V，电泳 0.5～1h，直到溴酚蓝指示剂移动到凝胶底部，停止电泳。

④ 染色：将凝胶取出后浸入 0.5mg/mL 溴化乙锭溶液中，染色 0.5h。（染液可反复多次使用。）

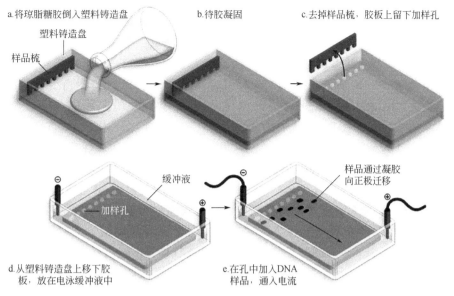

a.将琼脂糖胶倒入塑料铸造盘　　b.待胶凝固　　c.去掉样品梳，胶板上留下加样孔

塑料铸造盘

样品梳

缓冲液

加样孔

样品通过凝胶向正极迁移

d.从塑料铸造盘上移下胶板，放在电泳缓冲液中　　e.在孔中加入DNA样品，通入电流

图 3-14-1　琼脂糖电泳操作流程

⑤ 观察：将凝胶板置于 254nm 波长紫外灯下进行观察。DNA 存在的位置呈现橙黄色荧光。

3.14.5　注意事项

① 尽量简化操作步骤，缩短提取过程。

② CTAB、溴化乙锭均具有毒性，配制和使用溶液时要戴手套和护目镜，勿将溶液滴洒在台面或地面上。

③ 倒凝胶板时不要太厚，否则影响电泳效果。

④ 紫外线对人体、眼睛有危害性，在紫外灯下观察时，应带上防护眼罩或面罩，避免受紫外线损伤。

3.14.6　实验报告

DNA 电泳实验结果图。

3.14.7　思考题

① 提取微生物总 DNA 要注意什么？

② 可否将有些溶液（或成分）合并成一种溶液而减少操作步骤？

3.15　微生物 16S rRNA 基因的 PCR 扩增技术

3.15.1　实验目的

① 了解 PCR 反应的基本原理；

② 学习并掌握 PCR 的操作技术。

3.15.2 实验原理

聚合酶链式反应（polymerase chain reaction，PCR）是一种在体外快速扩增特定基因或DNA序列的方法，故又称基因的体外扩增法。PCR扩增类似于DNA的天然复制过程，其特异性依赖于与靶序列两端互补的寡核苷酸引物（primer）。PCR扩增由变性（denaturing stage）——退火（annealing stage）——延伸（extending stage）三个基本反应步骤构成。①模板DNA的变性：模板DNA经加热至90~95℃一定时间后，模板DNA双链或经PCR扩增形成的双链DNA发生解离，成为单链，以便与引物结合，为下轮反应做准备。②模板DNA与引物的退火（复性）：模板DNA经加热变性成单链后，温度降至50~60℃，引物与模板DNA单链的互补序列配对结合。③引物的延伸：DNA模板-引物结合物在DNA聚合酶的作用下，于70~75℃，以dNTP为反应原料，靶序列为模板，按碱基互补配对与半保留复制原理，合成一条新的与模板DNA链互补的半保留复制链。重复循环变性——退火——延伸三过程，就可获得更多的"半保留复制链"，而且这种新链又可成为下次循环的模板（图3-15-1）。每完成一个循环需2~4min，2~3h就能将待扩目的基因扩增放大几百万倍（图3-15-2）。

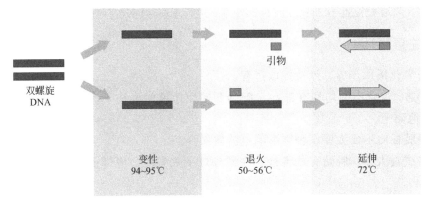

图 3-15-1　聚合酶链式反应

3.15.3 实验器材

① 仪器：梯度PCR仪、电泳仪、凝胶成像系统、高速冷冻离心机、移液枪。

② 试剂及其他：PCR扩增试剂盒、琼脂糖、DNA上样缓冲液（DNA loading buffer，6×）、TAE缓冲液、溴化乙锭染色剂（EB）、DNA模板、无菌去离子水。（试剂的配制方法见附录Ⅳ。）

③ 16S rRNA基因扩增引物：

引物Ⅰ：5′-GGGGAATTCATGGTAAGCAAGGGC-3′

引物Ⅱ：5′-GACCTGCAGGCATGCAAGCTTGGC-3′

3.15.4 实验方法

（1）添加试剂

按顺序向微量离心管中依次加入：

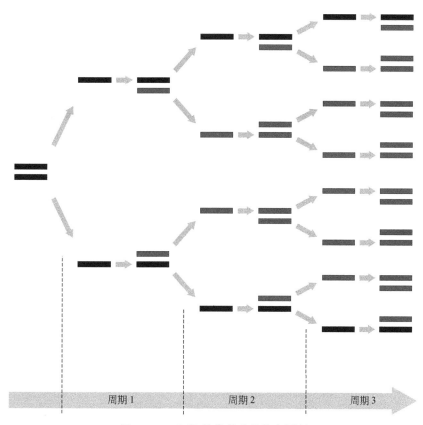

图 3-15-2　PCR 扩增技术的基本原理

ddH$_2$O	26μL
DNA 样品	5μL
10×PCR 缓冲液	5μL
dNTP	4μL
引物Ⅰ	5μL
引物Ⅱ	5μL

（2）PCR 反应程序

① 94℃变性　　　5min

② 94℃变性　　　30s

③ 52℃退火　　　45s

④ 72℃延伸　　　1min

⑤ 重复②～④30 次

⑥ 72℃延伸　　　10min

⑦ 4℃保存

（3）琼脂糖凝胶电泳检测 PCR 产物

配制 1%琼脂糖凝胶，取 4μL PCR 产物与 1μL 6×DNA 上样缓冲液混合后点样，以 DL2000 Marker 作为分子量标准，在 1×TAE 缓冲液中，110V 电泳 45～60min，EB 染色，紫外凝胶成像仪中观察。

16S rRNA 基因片段大约为 1.5kb（图 3-15-3）。

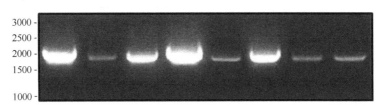

图 3-15-3　16S rRNA 基因片段的琼脂糖电泳

3.15.5　注意事项

① PCR 引物长度以 18～30bp 为宜，过长或过短均会使特异性降低；引物中 "C+G" 含量宜在 50% 左右；引物内部和引物之间不应含有互补序列；引物的 3′末端与模板 DNA 一定要配对，但 5′末端没有严格的限制；引物的终浓度一般为 0.2～0.5μmol/L，过低会影响反应产量，过高会增加引物二聚体或错配的概率。

② Taq DNA 聚合酶具有 5′→3′聚合酶活性和 5′→3′外切酶活性，但无 3′→5′外切酶活性，因此对单核苷酸的错配无校正功能，发生碱基错配的概率为 $2.1×10^{-4}$ 左右。

③ Taq DNA 聚合酶对 Mg^{2+} 浓度非常敏感，Mg^{2+} 可与模板 DNA、引物及 dNTP 等的磷酸根结合，不同反应体系中应适当调整 $MgCl_2$ 的浓度，一般以比 dNTP 总浓度高出 0.5～1.0mmol/L 为宜，Mg^{2+} 过量会增加非特异扩增。

④ dNTP 的浓度过高会增加碱基的错误掺入率，使反应特异性下降；过低则会导致反应速度下降。使用时 4 种 dNTP 必须以等化学计量配制，均衡的 dNTP 有利于减少错配误差和提高使用效率。

⑤ 温度循环参数中应特别注意复性温度，它决定引物与模板的特异性结合。退火复性温度可根据引物的长度，通过 $T_m=4(G+C)+2(A+T)$ 计算得到。在 T_m 允许的范围内，选择较高的退火温度可大大减少引物与模板之间的非特异结合。

3.15.6　实验报告

将 PCR 扩增的凝胶电泳结果扫描图打印出来，并对结果加以分析说明。

3.15.7　思考题

① 在添加完样品和试剂后要离心，其目的是什么？
② 影响 PCR 反应效率的因素有哪些？

参考文献

[1]　黄亚东，时小艳.微生物实验技术 [M].北京：中国轻工业出版社，2013.

[2]　辜建平，张庆，刘邦芳，等.微生物生长谱法实验技术的改进与探析 [J].微生物学通报，2005，32（1）：90-93.

[3]　沈萍，陈向东.微生物学实验 [M].第 4 版，北京：高等教育出版社，2007.

[4]　周德庆.微生物学实验教程 [M].第 2 版，北京：高等教育出版，2006.

[5]　方德华，魏新元，申鸿.微生物实验技术［M］.北京：高等教育出版社，2000.

[6]　朱艳蕾.细菌生长曲线测定实验方法的研究［J］.微生物学杂志，2016，36（5）：108-112.

[7]　俞毓馨，吴国庆，孟宪庭.环境工程微生物检验手册［M］.北京：中国环境科学出版社，1990.

[8]　冯骏.工业用水处理微生物分析［M］.广州：广东科技出版社，1989.

[9]　郑平.环境微生物学实验指导［M］.杭州：浙江大学出版社，2005.

[10]　周春生，尹军.TTC-脱氢酶活性检测方法的研究［J］.环境科学学报，1996，16（4）：400-405.

[11]　全国土壤质量标准化技术委员会.土壤微生物呼吸的实验室测定方法：GB/T 32720—2016［S］.2016.

[12]　卢圣栋.现代分子生物学实验技术［M］.第 2 版，北京：中国协和医科大学出版社，1999.

[13]　陈瑛，任南琪，李永峰，等.微生物荧光原位杂交（FISH）实验技术［J］.哈尔滨工业大学学报，2008，40（4）：546-549，575.

[14]　郑道君，张冬明，吉清妹，等.1 种简单有效的根际土壤微生物 DNA 提取方法［J］.江苏农业科学，2017，45（4）：39-40，69.

[15]　张婧，刘广娜，左蔚琳.土壤微生物基因组 DNA 不同提取方法的比较及 PCR 扩增体系的建立［J］.吉林农业，2018（16）：55-56.

[16]　Prescott，Harley，Klein. Microbiology［M］.7th ed. New York，NY：McGraw-Hill，2009.

[17]　任南琪，王爱杰.厌氧生物技术原理与应用［M］.北京：化学工业出版社，2004.

[18]　马溪平.厌氧微生物与污水处理［M］.北京：化学工业出版社，2005.

[19]　胡纪萃.废水厌氧生物处理理论与技术［M］.北京：中国建筑工业出版社，2003.

[20]　黄秀梨.微生物学实验指导［M］.北京：高等教育出版社，1999.

[21]　杨革.微生物学实验教程［M］.北京：科学出版社，2004.

4 环境微生物学综合实验

环境微生物学综合实验是在基础性实验和应用技术的基础上，增加了综合性、探索性实验内容，包括光合细菌的筛选及有机物的降解实验、硝化-反硝化细菌的筛选及其性能测定、纤维素降解菌的筛选及降解实验、土壤中有机磷农药降解菌的分离及其性能测定、阴离子表面活性剂烷基苯磺酸盐降解菌的分离及其性能测定、芳香环化合物降解菌的分离及其性能测定、降解菌的 16S rRNA 基因序列测定及比对实验、Ames 致突变试验等。环境微生物学综合实验的教学目的是进一步培养学生综合运用所学知识的能力。

4.1 光合细菌的筛选及有机物的降解实验

4.1.1 实验目的

① 学习和掌握光合细菌的分离及培养方法；
② 了解光合细菌净化有机废水的作用机理；
③ 掌握紫外光谱法进行定量分析的基本原理。

4.1.2 实验原理

光合细菌（photosynthetic bacteria，PSB）是一大类具有光合色素，能在厌氧、光照条件下进行不放氧光合作用的特殊菌群，广泛分布于海洋、湖泊和淤泥环境中，属兼性厌氧的光能异养细菌。光合细菌在光照厌氧的环境中，利用光合色素经光合磷酸化作用取得能量，分解有机物合成菌体细胞，黑暗通气条件下，细菌色素不起作用，其代谢途径转变为氧化磷酸化，从中分解有机物获得能量及养料。它们既不像好氧的活性污泥微生物那样受污水中溶解氧浓度的限制，又不像严格厌氧的甲烷细菌等对氧的存在非常敏感，即使生境中氧量增加，其降解有机物的活性也不受抑制，产生的菌体又可作为重要的资源加以利用。因此，这种适宜于处理高浓度有机废水的光合细菌处理法（PSB 处理法）正引起人们的高度重视。

苯酚属于高毒类物质，对生物体危害很大，可经过呼吸道、皮肤黏膜和消化道吸收进入人体内。苯酚对人体组织具有腐蚀作用，如接触眼睛，能引起严重角膜灼伤，甚至失明。当水中苯酚浓度持续为 0.1mg/L 时，鱼肉会有苯酚的特殊臭味；而当水中苯酚浓度达到 5～

25mg/L 时，鱼类就会中毒死亡。苯酚及其衍生物主要来源于石油、化工、煤气、炼焦、造纸、塑料、纺织及制药等行业的工业废水中。工业含酚废水的大量排放给环境带来了严重的污染，不仅对人类健康及生物的生长繁殖有害，还影响经济的可持续性发展，许多国家已将其列入环境优先控制污染物的黑名单中。目前处理含酚废水的方法主要有溶剂萃取法、活性炭吸附法、化学氧化法、电化学氧化法及生物降解法等，其中生物降解法是一种经济有效、对环境友好的处理方法，具有良好的发展前景。

在紫外分光光度法分析中，常用波长为 200~400nm 的近紫外光。当有机物分子受到紫外光辐射时，分子中的价电子或外层电子能吸收紫外光而发生能级间的跃迁，其吸收峰的位置与有机物分子的结构有关，其吸收强度遵循朗伯-比尔定律（Lambert-Beer law），与有机物的浓度有关：

$$A = \varepsilon bc$$

式中　A——吸光度；

　　　ε——摩尔吸光系数，L/(mol·cm)；

　　　b——吸收池厚度，cm；

　　　c——浓度，mol/L。

苯酚水溶液在紫外光区 197nm、210nm 和 270nm 附近都有吸收峰，其中在 270nm 处的吸收峰较强。

4.1.3　实验器材

① 培养基：范尼尔氏液体培养基（Van Niel's 培养基）。

② 溶液及试剂：NH_4Cl、$MgSO_4 \cdot 7H_2O$、K_2HPO_4、NaCl、$NaHCO_3$，高纯度苯酚。

③ 仪器及其他用具：高压灭菌锅、光照恒温培养箱、恒温摇床、紫外分光光度计、比色杯、容量瓶、接种环、无菌具塞锥形瓶、烧杯、量筒。

4.1.4　实验方法

（1）富集培养

称取底泥 2g 装入 100mL 具塞锥形瓶内，加富集培养基至瓶颈口，用橡胶塞轻轻盖紧，使多余培养液溢出（注意加塞时不要使瓶内留有气泡），30℃、4000lx 光照强度厌氧培养 7d。

当整瓶液体颜色变成红色，并且在瓶底淤泥表面有深红色沉积物时，用移液管将红色液体及沉积物吸出 5mL，转移到 100mL 无菌具塞锥形瓶内，加入灭菌富集培养液，塞上橡皮塞，继续光照，厌氧培养时保持 30℃，至锥形瓶中菌液的颜色变红。

待生长良好后，再按上述同样步骤转接富集 2 次，至锥形瓶中菌液呈棕红色，光合细菌占优势。

（2）驯化培养

吸取上述 5mL 培养液，转移到 500mL 无菌具塞锥形瓶内，加入 95mL 含苯酚（300mg/L）的富集培养基，塞上透气硅胶塞，30℃、180r/min 振荡培养 5d；5d 后再取 5mL 培养液转接入 95mL 苯酚浓度为 400mg/L 的富集培养基中，30℃、180r/min 振荡培养 5d；5d 后再重复操作一次，使培养基中的苯酚浓度从 300mg/L 提高到 500mg/L。

（3）苯酚降解实验

① 将上述培养液置于 50mL 离心管中，4000r/min，离心 5min，弃上清液；

② 将菌体沉淀用无菌生理盐水离心洗涤 2～3 次（4000r/min，每次 5min），再用无菌生理盐水将菌体配成菌悬液（$A_{680}=1.2$），备用；

③ 取 2 个 100mL 无菌具塞锥形瓶，分别加入 5mL 菌悬液，并加入 95mL 含苯酚（500mg/L）的富集培养基（加满至瓶颈口），用橡胶塞轻轻盖紧，混匀，30℃、4000lx 光照强度，厌氧培养 3d［对照组加 5mL 无菌生理盐水和 95mL 含苯酚（500mg/L）富集培养基］；

④ 取 2 个 500mL 无菌具塞锥形瓶，分别加入 5mL 菌悬液，并加入 95mL 含苯酚（500mg/L）的富集培养基，用透气硅塞轻轻盖紧，混匀，30℃、180r/min 振荡培养 3d［对照组加 5mL 无菌生理盐水和 95mL 含苯酚（500mg/L）富集培养基］；

⑤ 培养 3d 后，分别取样，用紫外分光光度计在 270nm 波长下测其吸收值，然后在标准曲线上对应找到其浓度。

（4）苯酚含量的测定

采用紫外吸收光谱法测定各培养瓶内苯酚的含量，根据苯酚标准曲线计算苯酚去除率。

① 标准曲线的制作

取 5 个 25mL 的容量瓶，分别加入 2.0mL、4.0mL、6.0mL、8.0mL、10.0mL 的苯酚（100mg/L），补加去离子水到刻度，摇匀。用 1cm 石英比色管，加去离子水作参比，在 270nm 波长下，分别测定各溶液的吸光度，以吸光度对浓度作图，作出标准曲线。

② 定量测定废水中的苯酚含量

准确移取未知液 10mL 于 25mL 比色管中，用去离子水稀释到刻度，摇匀。在同样条件下测定其吸光度，根据吸光度在工作曲线上对应出苯酚待测液的浓度，并计算出未知液中苯酚的含量。

苯酚降解率计算如下式：

$$\eta = [1-(C_1+C_2)/C_0]$$

式中　η——苯酚降解率，%；

　　　C_0——苯酚起始浓度，mg/L；

　　　C_1——反应后苯酚浓度，mg/L；

　　　C_2——挥发的苯酚浓度，mg/L。

4.1.5　注意事项

紫外吸收光谱法在浓度范围 10～250mg/L 内，吸光度与浓度成良好的线性关系，因此在测定高浓度有机物时，应适当予以稀释。

4.1.6　实验报告

① 将测定结果填入表 4-1-1。

表 4-1-1　测定结果

苯酚的量/(mg/L)	8.000	16.000	24.000	32.000	40.000	未知液浓度
吸光度						

② 比较光合细菌在光照厌氧的环境中和在黑暗通气条件下的酚降解效果。

4.1.7 思考题

光合细菌对高浓度有机废水的净化作用和其他细菌相比有什么优势？

4.2 硝化-反硝化菌的筛选及其性能测定

4.2.1 实验目的

① 了解硝化-反硝化菌的反应机理；
② 掌握硝化-反硝化菌的分离技术及性能测定方法。

4.2.2 实验原理

硝化是在好氧条件下，通过亚硝化菌和硝化菌的作用，将氨氮氧化成亚硝酸盐氮和硝酸盐氮的过程，称为生物硝化作用（nitrification）。

反应过程如下：

第一步铵盐转化为亚硝酸盐：

$$NH_4^+ + 3/2O_2 \longrightarrow NO_2^- + 2H^+ + H_2O$$

第二步亚硝酸盐转化为硝酸盐：

$$NO_2^- + 1/2O_2 \longrightarrow NO_3^-$$

这两个反应式都是释放能量的过程，氨氮转化为硝态氮并不是去除氮而是减少它的需氧量。上述两式合起来写成：

$$NH_4^+ + 2O_2 \longrightarrow NO_3^- + 2H^+ + H_2O$$

综合氨氮氧化和细胞体合成反应方程式如下：

$$NH_4^+ + 1.86O_2 + 1.98HCO_3^- \longrightarrow 0.02C_5H_7O_2N + 0.98NO_3^- + 1.04H_2O + 1.88H_2CO_3$$

由上式可知：①在硝化过程中，1g 氨氮转化为硝酸盐氮时需氧 4.57g；②硝化过程中释放出 H^+，将消耗废水中的碱度，每氧化 1g 氨氮，将消耗碱度（以 $CaCO_3$ 计）7.1g。

反硝化是在缺氧条件下，由硝酸盐还原菌（反硝化菌）将 NO_2^--N 和 NO_3^--N 还原成 N_2 的过程，称为反硝化作用（denitrification）。

反硝化过程中的电子供体（氢供体）是各种各样的有机底物（碳源）。以甲醇作碳源为例，其反应式为：

$$6NO_3^- + 2CH_3OH \longrightarrow 6NO_2^- + 2CO_2 + 4H_2O$$

$$6NO_2^- + 3CH_3OH \longrightarrow 3N_2 + 3CO_2 + 3H_2O + 6OH^-$$

综合反应式为：

$$6NO_3^- + 5CH_3OH \longrightarrow 5CO_2 + 3N_2 + 7H_2O + 6OH^-$$

由上可见，在生物反硝化过程中，不仅可使 NO_2^--N、NO_3^--N 被还原，而且还可使有机物氧化分解。

一般可以用显色反应来判断硝化菌的存在，将亚硝化菌和硝化菌接种到液体培养基中，于 24℃培养 5d，在亚硝化菌的培养液中加入格里斯试剂（Griess reagent），溶液变红可以判断已出现亚硝酸根。将硝化菌的培养液取出 1mL 稀释 100 倍，测定亚硝酸根含量，如果减少，说明亚硝酸盐已经在硝化菌作用下转化为硝酸盐。

4.2.3 实验器材

① 样品：实验用水样或土样。

② 培养基：亚硝化菌培养基、硝化菌培养基、反硝化菌培养基、Giltay 培养基、肉汤培养基。（培养基的配制方法见附录Ⅱ。）

③ 仪器：培养箱、灭菌锅、天平、摇床、摇瓶、锥形瓶、分光光度计。

④ 试剂：Giltay 试剂 A 液、Giltay 试剂 B 液、2％醋酸钠溶液。（试剂的配制方法见附录Ⅳ。）

4.2.4 实验方法

（1）硝化细菌的分离筛选

将采集到的样品分别加入含有亚硝化菌液体培养基和硝化菌液体培养基的摇瓶中，在 37℃ 的摇床中培养 5d，然后取出培养液在相应的固体培养基上划线，得到单菌落，重复操作，直至获得单一菌落。

（2）硝化性能测定

① 标准曲线的绘制：称取 4.5g 分析纯亚硝酸钠于干燥小烧杯中，加蒸馏水溶解后移入 100mL 容量瓶中，加蒸馏水定容，摇匀，溶液中的亚硝酸根浓度为 30mg/mL，用时稀释至 0.03mg/mL。

吸取亚硝酸钠标准液 0mL、1mL、2mL、3mL、4mL、5mL；分别加入 50mL 容量瓶中，每个容量瓶中亚硝酸钠浓度为 $0\mu g/mL$、$0.6\mu g/mL$、$1.2\mu g/mL$、$1.8\mu g/mL$、$2.4\mu g/mL$、$3.0\mu g/mL$；加入 1mL Giltay 试剂 A 溶液，放置 10min，再加入 1mL Giltay 试剂 B 溶液和 1mL 2％醋酸钠溶液，显色后稀释至刻度。

用分光光度计于 520nm 处比色，以浓度为横坐标，以吸光度值为纵坐标绘制标准曲线。

② 亚硝化菌氨转化作用测定：取 1mL 培养液于 50mL 容量瓶中，重复上述操作，用分光光度计于 520nm 处比色。

③ 硝化菌硝化作用强度测定：取 1mL 培养液稀释 100 倍（视培养液中 NO_2^- 浓度而定），重复上述操作，用分光光度计于 520nm 处比色。

④ 结果计算：标准曲线以浓度为横坐标，以光密度值为纵坐标绘制标准曲线。得到回归方程

$$A = aC + b$$

式中　A——吸光度值；

　　　C——浓度，$\mu g/mL$；

　　　a——斜率；

　　　b——截距。

（3）反硝化菌的分离筛选

① 取 1.0g 反硝化菌样品于装有 99mL 无菌水并带有玻璃珠的锥形瓶中振荡，得悬液。

② 用移液枪吸取 5mL 悬液于 100mL 灭菌后的反硝化培养基中，30℃ 恒温密闭培养 3d，并扩大培养 3 次。

③ 经平板划线分离数次，得纯菌。将其接种于灭菌后的反硝化菌培养基富集培养，至

菌液浑浊，即为菌悬液。

④ 将缠有细线的小试管（ϕ12mm×75mm）倒扣于装有 Giltay 培养液的大试管（ϕ20mm×200mm）中，并将小试管中的气体排净，塞住大试管，留部分细线在外，便于小试管的拉升，灭菌后待用。

⑤ 将活化后的菌株接种于 Giltay 培养液中，拉伸细线，使小试管提升一小段距离，以便收集气体。

⑥ 30℃恒温密闭培养 10d，每天观察培养液的变色情况及小试管中的气泡。根据产气量及培养基变色情况筛选出反硝化性能较强的菌株，并接种于反硝化菌培养基中，一定时间后检测 TN（总氮）去除率。

4.2.5 注意事项

硝化菌为好氧微生物，反硝化菌为厌氧微生物，培养时注意培养条件控制。

4.2.6 实验报告

① 绘制标准曲线。
② 测定不同培养基中亚硝酸根含量的变化，计算硝酸盐的去除率。
③ 观察亚硝化菌、硝化菌和反硝化菌的形态特征。

4.2.7 思考题

① 亚硝酸根比色测定的原理是什么？
② 发酵后期，硝化菌的硝化率下降的原因是什么？

4.3 纤维素降解菌的筛选及纤维素降解实验

4.3.1 实验目的

① 掌握纤维素降解菌的分离、筛选方法；
② 掌握纤维素降解菌的降解性能测定方法。

4.3.2 实验原理

纤维素（cellulose）由 β-葡萄糖聚合而成，性质非常稳定。纤维素是光合作用的产物，约占植物组织的 50%。在自然界，每年都有大量纤维素随植物残体或有机肥料进入土壤。在通气良好的土壤中，纤维素可被细菌、放线菌和霉菌分解。纤维素降解菌首先分解纤维素物质为含有葡聚糖等结构的多聚糖类物质（图 4-3-1），而多聚糖与刚果红可以形成多聚糖-刚果红复合物，此复合物不仅可以被吸附在菌丝外部，而且能够被进一步转运吸收至菌丝内部。通过进一步的降解，多聚糖被微生物分解而加以利用，而刚果红则被保留在菌丝体内，使菌落呈现红色。

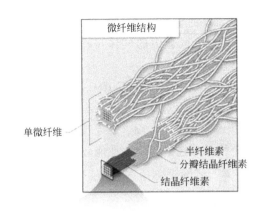

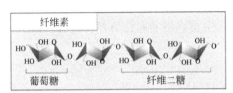 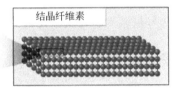

图 4-3-1　纤维素的结构

4.3.3　实验器材

① 样品：土壤。

② 培养基：羧甲基纤维素钠（CMC-Na）平板培养基、滤纸平板培养基、牛肉膏蛋白胨（NA）培养基、营养肉汤（NB）培养基。（培养基的配制方法见附录Ⅱ。）

③ 仪器及其他用品：酒精灯、载玻片、盖玻片、显微镜、滴管、试管、培养皿、锥形瓶、枪头、涂布器、移液枪等。

4.3.4　实验方法

（1）具有降解纤维素能力的细菌的分离

称取土样 10g 加入 90mL 无菌水，振荡 10～15min，使土壤颗粒均匀分散成为悬液，静置数分钟，吸取 1mL 土壤悬液到 9mL 稀释液中，依次按 10 倍稀释，稀释到 10^{-4}，制成一系列稀释液。

取 1mL 土壤悬液接种于羧甲基纤维素钠平板培养基上，用玻璃刮刀将其均匀涂抹于培养基表面，每个稀释度设 3 个重复，置于 28～30℃恒温培养箱中培养。待菌落长成后，按菌落特征归类和编号，然后将菌落特征不同的细菌转入 NA 斜面培养基培养，纯化后保存备用。

（2）供试细菌分解纤维素能力的测定

① 对 CMC-Na 分解能力的测定：挑取分离的细菌菌落接种到 CMC-Na 平板培养基上，于 25℃避光培养 7d，用刚果红染色，记录各菌株的透明圈大小。

② 对滤纸分解能力的测定：将分离得到的具有纤维素分解能力的菌株，接入 NB 培养基中，20℃摇床培养 5d 后制成菌悬液。于盛有 50mL 液体培养基的 150mL 锥形瓶中放入 2.6cm×6.2cm 的滤纸条，接入 1mL 菌悬液，100r/min 恒温振荡培养 8d，以滤纸条的断裂

程度评价降解效果。

4.3.5　注意事项

①　土壤中的纤维素降解菌分为好氧菌与厌氧菌，因此在筛选过程中可根据需求，设定厌氧或好氧条件进行筛选。

②　用玻璃涂棒涂抹时，由中间向四周涂布，要使微生物分布均匀。

③　每次用完玻璃涂棒都要用酒精灯灭菌。

④　从培养皿中挑取菌落时一定要选取单个菌落。

4.3.6　实验报告

①　纤维素分解菌株的CMC-Na分解能力测定（表4-3-1）：

表4-3-1　纤维素分解菌的CMC-Na分解能力

菌株编号	菌落直径/mm	水解圈直径/cm	水解圈直径/菌落直径

②　培养8d后菌株对滤纸的崩解效果照片。

4.3.7　思考题

①　纤维素降解菌在环境科学与工程领域中有哪些应用？

②　如果纤维素降解菌筛选不到，应该怎么操作？

4.4　土壤中有机磷农药降解菌的分离及其性能测定

4.4.1　实验目的

①　了解分离筛选难降解有机物降解菌的基本方法；

②　掌握土壤中有机磷农药降解菌的分离筛选方法；

③　掌握利用分光光度法测定有机磷农药的方法。

4.4.2　实验原理

甲胺磷（methamidophos）是一种广谱、高效、剧毒的有机磷杀虫剂，主要用于水稻、棉花等农作物的虫害防治。由于其高效的病虫害防治特点，曾被长期、大量地使用，引起水体、土壤污染，严重破坏了环境生态平衡，同时危害到人畜健康。农药在环境中的降解主要通过水解、光降解和微生物降解三种途径，其中微生物降解具有反应条件温和、反应速度快和反应专一性强的特点。因此利用微生物降解甲胺磷农药是解决甲胺磷使用带来的环境污染的有效途径，并且操作简便，成本低。因此，从土壤中筛选高效的有机磷农药降解菌，对土壤环境中甲胺磷的有效去除具有非常重要的意义。

4.4.3 实验器材

① 样品：取自农田的土壤（深度 5~15cm），去除杂质。

② 培养基：LB 液体培养基、基础无机盐培养基、富集培养基（无机盐培养基灭菌后加入适量的甲胺磷，用于驯化及筛选分离菌株）。

③ 仪器：分光光度计振荡培养箱、离心机、天平、烧杯、容量瓶、锥形瓶。

④ 试剂：甲胺磷（MAP）标准品、0.5%氯化钯显色剂、盐酸、甲醇、0.3mg/mL 的甲胺磷工作液（甲胺磷用甲醇溶解并配成 3.0mg/mL 的储备液，然后用甲醇稀释，配成 0.3mg/mL 的工作液）。

4.4.4 实验方法

(1) 降解菌的驯化、富集筛选

① 取土壤 10g 于 250mL 锥形瓶中，加入含 0.4g/L 甲胺磷的无机盐培养基 100mL，30℃，180r/min 振荡培养 7d，之后按 10%的接种量进行驯化、富集培养，每次 7d，共 6次，并逐步提高甲胺磷含量至 0.8g/L、1.5g/L、2.0g/L、3.0g/L。

② 取最后一次富集液梯度稀释至 10^{-3}，取稀释液涂布于无机盐固体培养基平板上（不加甲胺磷的无机盐培养基作对照），挑取含甲胺磷的无机盐培养基上生长较好的菌株，用 LB培养基纯化后保藏备用。

(2) 降解菌降解性能的测定

① 标准曲线绘制

利用甲胺磷和钯离子形成稳定黄色络合物的性质，采用分光光度法测定。

具体操作如下：分别吸取甲胺磷工作液 0mL、0.25mL、0.50mL、0.75mL、1.00mL、1.25mL，依次放入 6 个 10mL 容量瓶中，加入 1.0mL 氯化钯显色剂溶液，用盐酸定容至刻度，在 311.8nm 波长处测定吸光度，以甲胺磷浓度为横坐标，以吸光度为纵坐标绘制标准曲线。

② 菌株降解性能测定

取 LB 液体培养基 50mL 于 250mL 锥形瓶中，接种分离到的菌株，35℃、120r/min 振荡培养过夜作为种子液。取无机盐液体培养基 50mL 于 250mL 锥形瓶中，灭菌后在无菌条件下加甲胺磷，使其浓度至 1g/L。按 5%的接种量接种种子液，以不接菌为对照，35℃、120r/min 振荡培养 7d，取培养液，4500r/min 离心 10min，取上清液，测定甲胺磷浓度，并根据下式计算降解率。

$$\rho = (C_1 - C_2)/C_1 \times 100\%$$

式中　ρ——降解率，%；

C_1——甲胺磷的原始浓度，g/L；

C_2——根据标准曲线的线性回归方程计算所得的甲胺磷浓度，g/L。

4.4.5 注意事项

① 甲胺磷的中文商品名为多灭灵，毒性强，操作时需戴防护手套，严禁直接接触皮肤。

② 使用过的玻璃器皿要在 121℃ 高压灭菌 20min 后，才能洗净、烘干，供下次使用。

4.4.6 实验报告

① 降解菌的形态观察。
② 标准曲线的绘制。
③ 降解性能的测定。

4.4.7 思考题

分离到的甲胺磷降解菌是否也能降解对硫磷、甲基对硫磷、久效磷及磷胺等有机磷农药？为什么？

4.5 阴离子表面活性剂烷基苯磺酸盐降解菌的分离及其性能测定

4.5.1 实验目的

① 了解分离筛选难降解有机物降解菌的基本方法；
② 分离直链烷基苯磺酸盐降解菌，并对其降解性能进行测定。

4.5.2 实验原理

直链烷基苯磺酸盐（linear-alkylbenzene sulfonates，LAS）是阴离子表面活性剂中最重要的一个类别，也是我国合成洗涤剂的主要活性成分。烷基苯磺酸钠去污力强，起泡力和泡沫稳定性以及化学稳定性好，而且原料来源充足、生产成本低，在民用和工业用清洗剂中有着广泛的用途。

烷基苯磺酸盐不是纯的化合物，其烷基组成部分不完全相同，因此烷基苯磺酸盐性质受烷基部分碳原子数、烷基链支化度、苯环在烷基链的位置、磺酸基在苯环上的位置及数目，以及磺酸盐反离子种类的影响而发生很大变化。

表面活性剂 LAS 应用广泛，且易在环境中残留，形成进一步污染。研究表明，残留在环境中的 LAS 几乎全靠微生物降解。本实验中阴离子表面活性剂 LAS 可与阳离子染料亚甲蓝作用，生成蓝色的盐类（统称亚甲蓝活性物质，MBAS）。该生成物可被氯仿萃取，其吸光度与浓度成正比，用分光光度计在波长 652nm 处测量氯仿层的吸光度，可进一步得到 LAS 的浓度。

4.5.3 实验器材

① 样品：土壤或城市污水厂剩余污泥。

② 培养基：表面活性剂 LAS 培养基。（培养基的配制方法见附录Ⅱ。）

③ 器材：分光光度计、分液漏斗、摇床、锥形瓶、玻璃珠和石英砂。

④ 试剂：美蓝溶液、酚酞指示剂、1mol/L NaOH、1mol/L H_2SO_4、氯仿、亚甲蓝试剂、LAS 储备溶液（1mg/mL，4℃冰箱保存，每周配制一次），LAS 标准溶液（10μg/mL，当天配制）。（部分试剂的配制方法见附录Ⅳ。）

4.5.4 实验方法

(1) 采样

从洗涤剂生产厂下水道的泥土、城市污水厂剩余污泥等中采集分离原样品，置于无菌采样瓶中备用。

(2) 富集

依次取 1～5g 样品分别加入含 LAS 分解菌培养液的 500mL 锥形瓶中，28℃振荡培养 3～5d，以富集表面活性剂分解菌。

(3) 菌株筛选分离

按照常规的平板分离法，将富集培养物在表面活性剂分解菌固体培养基平板上进行划线或稀释分离，直至出现单菌落。挑取单菌落接入斜面培养基，然后再进行纯化，直至获得单一菌株。

(4) 菌株降解能力测定

① 制作标准曲线：取一组分液漏斗，分别加入 100mL、98mL、95mL、90mL、85mL、80mL 蒸馏水，然后分别加入 0mL、2mL、5mL、10mL、15mL、20mL LAS 标准溶液，摇匀。以酚酞为指示剂，逐滴加入 1mol/L NaOH 溶液至呈桃红色，再滴加 1mol/L H_2SO_4 到桃红色刚好消失。加入 25mL 亚甲蓝溶液。

② 氯仿提取：向上述分液漏斗中加氯仿 10mL，猛烈振荡 30s，注意放气。过分的摇动会发生乳化，加入少量异丙醇（少于 10mL）可消除乳化现象。每组加相同体积的异丙醇，再慢慢旋转分液漏斗，使滞留在内壁上的氯仿液珠降落，静置分层，将氯仿层放入预先盛有 50mL 洗涤液的第二个分液漏斗中，用数滴氯仿淋洗第一个分液漏斗的放液管。重复萃取三次，每次用 10mL 氯仿。合并所有氯仿层至第二个分液漏斗中，猛烈振荡 30s。将氯仿层通过玻璃棉或脱脂棉移入 50mL 容量瓶中，加氯仿定容。

③ 测定 LAS：每次测定前，振荡容量瓶内的氯仿萃取液，并以此液洗三次比色皿，然后将比色皿填充满。用纯氯仿做空白对照，在波长 652nm 处，测定吸光度。以吸光度为纵坐标，以 LAS 浓度为横坐标，绘制标准曲线。

④ 培养液 LAS 测定：在锥形瓶中加入表面活性剂降解菌培养液，然后接入斜面中保存的菌株，在 28℃振荡培养 3～5d，吸取离心后的培养液上清液 1～10mL，放于 250mL 分液漏斗中，用蒸馏水稀释至 100mL，采用上述方法测定培养前后培养液中表面活性剂的含量。

4.5.5 注意事项

① 氯仿易燃、易爆，操作时要远离明火。

② 氯仿可通过吸入或经皮肤吸收引起急性中毒，用氯仿提取 LAS 时注意个人防护。

③ 实验后废液倒入废液桶，统一处理。

④ 使用过的玻璃器皿要在 121℃ 高压灭菌 20min 后，才能洗净、烘干，供下次使用。

4.5.6　实验报告

① 降解菌的形态观察。

② 分析实验过程中观察到的异常现象。

③ 归纳总结本方法未曾规定的操作，或可能影响结果的操作。

4.5.7　思考题

表面活性剂的分类有哪些？

4.6　芳香环化合物降解菌的分离及其性能测定

4.6.1　实验目的

① 掌握微生物分离纯化的基本操作；

② 掌握用选择性培养基从环境中分离苯酚降解菌的原理和方法；

③ 掌握 4-氨基安替比林法测定苯酚含量的方法。

4.6.2　实验原理

在工业废水的生物处理中，对污染成分单一的有毒废水，可以选用特定的高效菌株进行处理。这些高效菌株以有机污染物作为其生长所需的能源、碳源或氮源，从而使有机污染物得以降解，具有处理效率高、耐受毒性强等优点。

苯酚（phenol）是一种在自然条件下难以降解的有机物，其长期残留于空气、水体、土壤中，会造成严重的环境污染，对人体、动物有较高毒性。本实验通过筛选苯酚降解菌来处理含酚废水，将苯酚降解为 CO_2 和 H_2O，消除其对环境的污染。

从环境中采样后，在以苯酚为唯一碳源的培养基中，经富集培养、分离纯化、降解实验和性能测定，可筛选出高效苯酚降解菌。苯酚的测定方法有很多，包括紫外分光光度法、高效液相色谱法等，本实验采用的是 4-氨基安替比林分光光度法。在 $Na_2B_4O_7$ 缓冲溶液中，苯酚可被氧化剂 $(NH_4)_2S_2O_8$ 充分氧化，并与 4-氨基安替比林反应，生成橙红色的吲哚酚氨基安替比林染料，可通过 520nm 波长测定。

4.6.3　实验器材

① 样品：实验土样采自化工园区污水处理厂。

② 培养基：富集培养基、基础培养基。（高压灭菌，冷却后视需要添加适量的苯酚。）

③ 试剂：葡萄糖、牛肉膏、蛋白胨、苯酚、$Na_2B_4O_7$、4-氨基安替比林、$(NH_4)_2S_2O_8$、K_2HPO_4、KH_2PO_4、$MgSO_4$、琼脂粉。

④ 器材：恒温培养箱、恒温摇床、分光光度计、比色皿、试管、250mL 锥形瓶、100mL 容量瓶、培养皿、涂棒、量筒、天平、高压灭菌锅、酒精灯、接种环、pH 试纸、锡

箔纸。

⑤ 其他：苯酚标准溶液、3% 4-氨基安替比林溶液、2% $(NH_4)_2S_2O_8$ 溶液。（试剂及溶液的配制见附录Ⅳ。）

4.6.4 实验方法

（1）富集培养和驯化

将采集的土样接种于装有 100mL 富集培养基和玻璃珠的锥形瓶中，加适量苯酚（50mg/L），30℃振荡培养。待菌生长后，用移液枪吸取 1mL 培养液转至另一个装有 100mL 富集培养基和玻璃珠的锥形瓶中，加一定量的苯酚，30℃振荡培养。如此连续转接 2～3 次，每次所加的苯酚量适当增加，最后可得酚降解菌占绝对优势的混合培养物。

（2）平板分离和纯化

① 用移液枪吸取经富集培养的菌液 10mL，注入 90mL 无菌水中，充分混匀，并继续稀释到适当浓度。

② 取适当浓度的稀释菌液，加 1 滴于固体平板（由富集培养基加入 2% 的琼脂制成，倒平板时添加适量的苯酚，浓度达到 $200\mu mg/L$）中央，用无菌玻璃涂布棒把滴加在平板上的菌液涂抹均匀，盖好皿盖，每个稀释度做 2～3 个重复。

③ 室温放置一段时间，待接种菌悬液被培养基吸收后，倒置于 30℃恒温培养箱中培养2～3d。

④ 挑选不同形态的菌落，在含适量苯酚的固体平板上划线纯化。平板倒置于 30℃恒温培养箱中培养 2～3d。

（3）转接斜面

将纯化后的单菌落转接至补加适量苯酚的试管斜面中，于 30℃恒温培养箱中培养2～3d。

（4）降解实验

用接种环取适量斜面菌苔，接种于 100mL 基础培养基中，添加适量的苯酚，30℃振荡培养 2～3d。

（5）苯酚含量的测定

① 标准曲线的绘制

取 100mL 容量瓶 7 只，分别加入 100mg/L 苯酚标准溶液 0mL、0.5mL、1.0mL、2.0mL、3.0mL、4.0mL、5.0mL，并于每只容量瓶中分别加入 $Na_2B_4O_7$ 饱和溶液 10mL，3% 4-氨基安替比林溶液 1mL，再加入 2% $(NH_4)_2S_2O_8$ 1mL，然后用蒸馏水稀释至刻度，摇匀。

放置 10min 后将溶液转至比色皿中，在 520nm 处测定吸光度，根据吸光度和苯酚的量绘制标准曲线。

② 培养液中苯酚含量的测定

取振荡培养 2～3d 的培养液 30mL，离心，取上清液 10mL 于 100mL 容量瓶中，加入 $Na_2B_4O_7$ 饱和溶液 10mL，3% 4-氨基安替比林溶液 1mL，再加入 2% $(NH_4)_2S_2O_8$ 1mL，然后用蒸馏水稀释至刻度，摇匀。

放置 10min 后将溶液转至比色皿中，在 520nm 处测定吸光度，从标准曲线上查得苯酚的量。

(6) 计算

$C_{苯酚}=$（查得的苯酚质量/10）$\times1000$，mg/L。

根据下式计算苯酚去除率：

$$\rho=\left[(C_1-C_2)/C_1\right]\times100\%$$

式中 ρ——苯酚去除率，%；

C_1——降解前溶液中的苯酚浓度，mg/L；

C_2——降解后溶液中的苯酚浓度，mg/L。

4.6.5 注意事项

① 苯酚对皮肤、黏膜有强烈的腐蚀作用，可抑制中枢神经或损害肝、肾功能，操作时需注意个人防护。

② $Na_2B_4O_7$ 毒性较高，操作时需注意个人防护。

③ 使用过的玻璃器皿要在 121℃ 高压灭菌 20min 后，才能洗净、烘干，供下次使用。

4.6.6 实验报告

将分离到的酚降解菌菌株编号，菌株形态及苯酚去除率填入表 4-6-1。

表 4-6-1 酚降解菌的分离及其性能测定实验结果

菌株编号	菌株形态	苯酚去除率/%

4.6.7 思考题

如何从环境中分离高效苯酚降解菌株？

4.7 降解菌的 16S rRNA 基因序列测定及比对实验

4.7.1 实验目的

① 了解微生物分子生物学鉴定的原理和应用；

② 掌握利用 16S rRNA 基因进行微生物分子生物学鉴定的操作方法；

③ 运用软件构建系统发育树，并对微生物系统发育关系进行分析。

4.7.2 实验原理

传统的微生物的分类鉴定主要对细菌进行分离培养，然后从形态特征、生理生化反应及免疫学特性等方面进行鉴定。但这些传统手段均存在耗时长、特异性差、敏感度低等问题，难以满足现代细菌学研究的发展要求。随着分子生物学技术的迅速发展，特别是聚合酶链式反应（PCR）技术的出现及核酸研究技术的不断完善，产生了许多新的分类鉴定方法，如质粒图谱、限制性片段长度多态性分析、PCR 指纹图、rRNA 基因（即 rDNA）指纹图、16S 核糖体核糖核酸（ribosomal RNA，rRNA）序列分析等。这些技术主要是对细菌染色体或染色体外的 DNA 片段进行分析，从遗传进化的角度和分子水平进行细菌分类鉴定，从而使细菌分类更科学、更精确。其中原核生物 16S rRNA 基因（真核生物 18S rRNA 基因）序列分析技术已被广泛应用于微生物分类鉴定。

核糖体 RNA，即 rRNA，对所有生物的生存都是必不可少的。其中 16S rRNA 在细菌及其他原核微生物的进化过程中高度保守，被称为细菌的"分子化石"。在 16S rRNA 分子中含有高度保守的序列区域和高度变化的序列区域，因此很适于对进化距离不同的各种生物亲缘关系的比较研究。其具体方法如下：首先借鉴恒定区的序列设计引物，将 16S rRNA 基因片段扩增出来，测序获得 16S rRNA 基因序列，再与生物信息数据库（如 GenBank）中的 16S rRNA 基因序列进行比对和同源性分析比较，利用可变区序列的差异构建系统发育树，分析该微生物与其他微生物之间在分子进化过程中的系统发育关系（亲缘关系），从而达到对该微生物分类鉴定的目的。通常，16S rRNA 基因序列同源性小于 97%，可以认为属于不同的种，同源性小于 93%～95%，可以认为属于不同的属。

系统进化树（系统发育树）是研究生物进化和系统分类中常用的一种树状分枝图形，用来概括各种生物之间的亲缘关系。通过比较生物大分子序列（核苷酸或氨基酸序列）差异的数值构建的系统树称为分子系统树。系统树分有根树和无根树两种形式。无根树只是简单表示生物类群之间的系统发育关系，并不反映进化途径。而有根树不仅反映生物类群之间的系统发育关系，而且反映出它们有共同的起源及进化方向。分子系统树是在进行序列测定获得分子序列信息后，利用计算机通过适当的软件根据各微生物分子序列的相似性或进化距离来构建的。计算分析系统发育相关性和构建系统树时，可以采用不同的方法，如 UPGMA 法、ME 法（Minimum Evolution，最小进化法）、NJ 法（Neighbor-Joining，邻接法）、MP 法（Maximum Parsimony，最大简约法）、ML 法（Maximum Likelihood，最大似然法）及贝叶斯（Bayesian）推断等方法。构建进化树需要做 Bootstrap 检验，一般 Bootstrap 值大于 70，认为构建的进化树较为可靠。如果 Bootstrap 值过低，所构建的进化树的拓扑结构可能存在问题，进化树不可靠。一般采用两种不同方法构建进化树，如果所得进化树相似，说明结果较为可靠。常用构建进化树的软件有 Phylip、Mega、PauP、T-REX 等。

本实验以枯草芽孢杆菌的鉴定为例，应用 16S rRNA 基因序列分析技术进行微生物鉴定。

4.7.3 实验器材

① 菌种和质粒：枯草芽孢杆菌（*Bacillus subtilis*）、大肠杆菌（*E.coli* DH5α）感受态细胞、pMD18-T 载体。

② 培养基：LB 培养基

③ 试剂和溶液：琼脂糖、细菌基因组提取试剂盒、PCR 扩增试剂盒、DNA 上样缓冲液（DNA loading buffer，6×）、TAE 缓冲液、TE 缓冲液 PCR 产物纯化试剂盒、T_4 DNA 连接酶、X-gal、IPTG、限制性内切酶 *Sph* I 和 *Pst* I 等。（试剂及溶液的配制见附录Ⅳ。）

④ 仪器设备及其他：PCR 仪、电泳仪、高速冷冻离心机、凝胶成像系统、超净工作台、摇床、电子天平、恒温培养箱等。

4.7.4 实验方法

（1）设计合成引物

使用 16S rRNA 基因全长通用引物。

引物Ⅰ：5′-AGAGTTTGATCCTGGCTCAG-3′；

引物Ⅱ：5′-GGTTACCTTGTTACGACTT-3′。

提交基因合成公司合成。

（2）PCR 扩增 16S rRNA 基因片段

以枯草芽孢杆菌基因组 DNA 为模板（最适量为 0.1～1.0ng，过多可能引发非特异性扩增，过少可能扩增失败），PCR 体系一般用 25μL，使用保真度较高的 DNA 聚合酶。

① 反应体系：

模板	1μL
引物Ⅰ	0.5μL
引物Ⅱ	0.5μL
dNTP（10mmol/L）	0.5μL
Taq 酶（5 U/mL）	0.5μL
10×PCR buffer	2.5μL
无菌水	至 25μL

② 反应条件：94℃预变性 5min，94℃变性 30s，65℃退火 40s，72℃延伸 90s，30 个循环。72℃ 10min。4℃存放。

（3）电泳检测 PCR 产物，回收 16S rRNA 基因片段

① 电泳：配制 1% 低熔点琼脂糖凝胶，将 PCR 获得的 16S rRNA 基因与 DNA 上样缓冲液混合，在 1×TAE 缓冲液中，110V 电泳 45～60min，EB 染色，紫外凝胶成像仪中观察。

② 切胶：紫外灯下，用无菌刀片切下长度大约为 1.5kb 的条带，转移至干净的 1.5mL 离心管中。

③ 胶回收：

a.准确称量凝胶的质量，按 1g＝1mL 计，加入 5 倍体积的 TE 缓冲液，盖上盖子，于 65℃保温 5min 熔化凝胶。

b.待凝胶冷却至室温，加入等体积的 Tris 饱和酚（pH8.0），剧烈振荡混匀 20s。20℃，10000r/min 离心 10min，回收水相。

c.加入等体积的酚-氯仿（pH8.0 的 Tris 饱和酚与氯仿等体积混合），剧烈振荡，20℃，10000r/min 离心 10min，回收水相。

d.用等体积的氯仿抽提上清，颠倒混匀，20℃，10000r/min 离心 10min 回收水相。

e.将水相移到一个新的 1.5mL 离心管中，加入 0.2 倍体积的 10mol/L 乙酸铵和 2 倍体积的无水乙醇，混匀后在室温下放置 20min。然后于 4℃，12000r/min 离心 10min，弃上清，打开管盖，晾干沉淀，将沉淀溶解在一定量的无菌双蒸水中备用。

（4）16S rRNA 基因片段通过 pMD18-T 载体进行克隆

① 16S rRNA 基因片段与 pMD18-T 载体连接：在 0.5mL 的微量离心管中分别加入以

下溶液，16℃连接过夜（12～14h）。

pMD18-T 载体	100ng
胶回收的 16S rRNA 基因	50ng
T_4 DNA 连接酶	$1\mu L$
2×连接缓冲液	$5\mu L$
无菌双蒸水	至 $10\mu L$

② 转化：将连接好的载体在冰上放置 5min，然后全部加入装有 $200\mu L$ *E.coli* DH5α 感受态细胞的微量离心管中，用预冷的移液枪头轻轻混匀，置于冰上 5min。然后在 42℃ 水浴热击 90s，迅速将离心管转移到冰上，放置 5min。将转化细胞转移到 10mL 无菌试管中，加入 1mL 37℃ 预热的 LB 培养基，37℃，200r/min 振荡培养 1h。

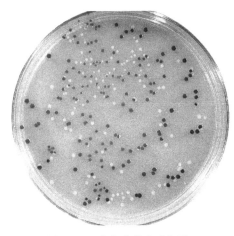

图 4-7-1 白色菌落为重组子，
深色菌落为非重组细胞

③ 重组子的筛选：将上述培养液涂布到含有氨苄青霉素、IPTG 和 X-gal 的 LB 平板上，37℃ 恒温培养过夜，出现的白色菌落一般是重组子（图 4-7-1）。

④ 重组子 DNA 的酶切鉴定：挑取几个白色菌落，分别接种到含氨苄青霉素（终浓度为 $100\mu g/mL$）的 LB 液体培养基中，37℃ 振荡培养过夜。用碱法提取转化子质粒。用限制性内切酶 *Sph* I 和 *Pst* I，37℃ 酶切 2～3h。将酶切产物加到 1% 琼脂糖凝胶进行电泳，观察出现 1.5kb 左右的酶切条带，证明是正确的重组子。

(5) 16S rRNA 基因的序列测定

将验证正确的重组子交给专业测序公司完成测序。

(6) 序列分析与系统发育树的构建

① 相似序列的获取：用 BLAST 生物信息数据库搜索功能进行在线相似性搜索，选择几个已知分类地位的相似序列。

② 多重序列比对分析：用 Clust X 软件对多个相似序列进行多重序列比对分析。

③ 构建系统发育树：利用 Mega 5 软件构建系统发育树（系统发育树的构建方法见附录 V）。

④ 进行系统发育关系分析。

4.7.5 注意事项

如果所测定的 16S rRNA 基因不是全长序列，选择相似序列进行多重序列比对分析时，一定要选择与自己所测定的 16S rRNA 基因序列相近（顺序、长短）的片段进行对比。

4.7.6 实验报告

① 对重组子筛选平板上的菌落特征进行描述和分析。

② 对 PCR 产物进行测序所得的序列进行序列特征分析。

③ 对基于 16S rRNA 基因的序列构建的系统发育树进行系统发育关系分析。

4.7.7　思考题

① 16S rRNA 基因的序列有什么特征？

② 利用 16S rRNA 基因序列分析方法获得的鉴定结果与菌株已知的分类结果是否一致？若不一致，如何确定其准确的分类地位？

4.8　Ames 致突变试验

4.8.1　实验目的

① 学习了解 Ames 突变毒性评价试验的基本原理；

② 掌握 Ames 突变毒性评价试验检测环境有害物质的操作要领和评价方法。

4.8.2　实验原理

鼠伤寒沙门菌（*Salmonella typhimurium*）原始菌株细胞内的组氨酸是通过自身一系列酶催化反应合成的，这种能自身合成所需营养成分的菌株叫作野生型菌株（wild type strain）。野生型菌株经过人工诱变或自发突变失去合成某种成长因子的能力，只能在完全培养基或补充了相应的生长因子的基本培养基中才能正常生长的变异菌株叫作营养缺陷型菌株（auxotropic strain）。本试验使用的沙门菌为组氨酸营养缺陷型（his⁻）菌株，其自身不能合成组氨酸，必须由外界提供才能正常生长。在无组氨酸或含微量组氨酸的培养基中，除极少数自发回复突变的细胞外，his⁻菌株细胞一般只能分裂几次，形成在显微镜下才能见到的微菌落。在有致突变物（诱变剂）存在时，沙门菌缺陷型菌株遗传物质的特定位点发生基因回复突变，形成野生型（his⁺）菌株，在缺乏组氨酸的培养基上也能形成肉眼可见的菌落，故可根据菌落形成数量，检查受试物是否为致突变物。某些化学物质需经代谢活化才有致突变作用，而细菌没有这种酶系统，在测试系统中加入经诱导剂诱导的大鼠肝制备的 S-9 混合液，则可弥补体外试验缺乏代谢活化系统的不足，同时增加检测的灵敏度。

这种试验是目前国内外公认并首选的一种检测环境致突变物的短期生物学试验方法，其阳性结果与致癌物吻合率高达 83%。鉴于化学物质的致突变作用与致癌作用之间密切相关，此法也被广泛用于致癌物的筛选。

本实验使用的是鼠伤寒沙门菌株 TA98。这一菌株不但是组氨酸营养缺陷型，还缺乏 DNA 修复酶，可防止 DNA 损伤的正确修复。

4.8.3　实验器材

① 菌株：沙门菌 TA98（*Salmonella typhimurium* TA98）。

② 溶液及试剂：L-组氨酸、D-生物素、Ames Test-Cofactor-I 试剂盒（S-9 Mix 用）、无菌水、4-硝基邻苯二胺溶液（4-NOPD，10μg/μL，用二甲基亚砜溶解）、未知的可能致癌物（自选）。

③ 仪器及其他用具：超净工作台、恒温培养箱、恒温水浴、振荡水浴摇床、高压灭菌锅、烘箱、-80℃低温冰箱、普通冰箱、天平、混匀振荡器、匀浆器、低温高速离心机、平皿、锥形瓶、试管、移液枪、枪头、0.22μm、0.45μm 滤膜等。

④ 其他：Ames 致突变试验培养基及相关试剂的配制见附录Ⅵ。

4.8.4 实验方法

Ames 突变毒性评价试验可分为平板掺入法及点试法两种。

(1) Ames 平板掺入法

① 设置待测物剂量，配制各剂量无菌测试物溶液，0.22μm 滤膜过滤除菌。

② 挑取适量菌种于盛有 5mL 营养肉汤培养基的试管中，37℃振荡（100r/min）培养 10～12h，菌液浓度要求达到 $(1\sim2)\times10^{9}$ 个/mL。（培养瓶可用黑纸包裹，以防光线照射细菌；菌液浓度的判断可参照多次活菌计数及在 650nm 波长下的吸光度，以透光率作为菌液浓度参数；试验菌液符合要求后应尽快投入试验。）

③ 配制底层培养基，灭菌，加入无菌培养皿中，每皿加底层培养基 20～25mL，静置凝固，做好标记。

④ 实验当天配制顶层培养基，分装于无菌小试管中，每管 2mL，在 45℃水浴中保温。

⑤ 用无菌蒸馏水溶解 S-9 复合物并配制 S-9 反应混合液，0.45μm 过滤除菌。

⑥ 在保温的顶层培养基中依次加入菌液 0.1mL，测试物 0.1mL，S-9 混合液 0.5mL（需代谢活化时加入），混匀后迅速倒在底层培养基上，转动平皿使顶层培养基均匀分布在底层上（实验室温度低时倾倒的顶层培养基易冷凝，可将底层培养基放置于 37℃培养箱一段时间，然后再倾倒顶层培养基）。

⑦ 待上层琼脂凝固后，倒置于 37℃恒温培养箱中培养 48h。

⑧ 实验中，除设受试物各剂量组外，还应同时设空白对照（不加测试物）、溶剂对照（如二甲基亚砜）、阳性诱变剂对照和无菌对照。每种处理做 2 个平行，培养步骤同上。

⑨ 试验结果拍照记录。

Ames 平板掺入法过程示意图如图 4-8-1 所示。

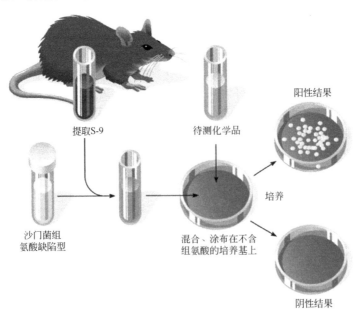

提取S-9

待测化学品

阳性结果

培养

沙门菌组
氨酸缺陷型

混合、涂布在不含
组氨酸的培养基上

阴性结果

图 4-8-1 Ames 平板掺入试验

（2）点试法

① 制备试验菌液、测试液。

② 在底层培养基平板背面分别作阳性对照、阴性对照、未知的可能致癌物和任选的标记。

③ 熔化顶层培养基分装于无菌小试管，每管 2mL，在 45℃水浴中保温。

④ 在水浴中保温的顶层培养基中依次加入测试菌株菌悬液 0.1mL（需要时加 10％ S-9 混合液 0.5mL），以手指搓动试管使之混匀，迅速倒在底层培养基上，转动平皿，使顶层培养基在底层上均匀分布，平放至凝固。

⑤ 用灭菌尖头镊子夹住灭菌圆滤纸片（直径为 6mm）边缘，小心放在已凝固的顶层培养基的中心附近（镊子头要蘸乙醇，过火燃烧灭菌）。

⑥ 用移液枪取适量测试物（4-硝基邻苯二胺溶液），点在纸片上，至纸片完全浸润为止，或将少量固体受试物结晶加到纸片或琼脂表面，37℃培养 48h 观察结果。

⑦ 另做空白对照、溶剂对照（二甲基亚砜）及阳性对照（准致突变物），分别贴放于平板上相应位置。在纸片外围长出密集菌落圈，为阳性；菌落散布，密度与自发回变培养结果相似，为阴性。

⑧ 试验结果拍照记录。

Ames 点试法过程示意图如图 4-8-2 所示。

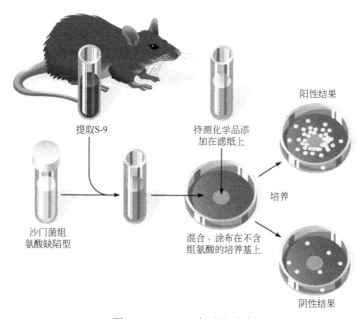

图 4-8-2　Ames 点试法试验

4.8.5　注意事项

① 突变型菌的某些特性易丢失或变异，遇到下列情况应鉴定菌株的基因型。

a. 在收到培养菌株后；

b. 当制备一套新的冷冻保存菌株或冰冻干燥菌株时；

c. 当每平皿自发回变数不在正常范围时；

d. 当对标准诱变剂丧失敏感性时；

e.使用主平板传代时；

f.投入使用前。

各试验菌株鉴定的判断标准如表 4-8-1 所示。

表 4-8-1　试验菌株鉴定的判断标准

菌株	组氨酸缺陷	脂多糖屏障缺损	氨苄青霉素抗性	紫外线损伤修复能力缺损	四环素抗性	自发回变菌落数/个
TA97	+	+	+	+	−	90～180
TA98	+	+	+	+	−	30～50
TA100	+	+	+	+	−	100～200
TA102	+	+	+	−	+	240～320
注释	"+"表示需要组氨酸	"+"表示具有 rfa 突变	"+"表示具有 R 因子,对氨苄青霉素具有抗性	"+"表示具有 △uvrB 突变	"+"表示具有 pAQ1 质粒,对四环素具有抗药性	在体外代谢活化条件下自发回变菌落数略有增加

② 受试物剂量为每平皿 0.2μg，最高剂量为 5mg，或溶解度允许浓度，或饱和浓度，或对细菌产生最小毒性浓度，每种测试物通常设 4 个剂量。选择剂量范围开始应大些，有阳性或可疑阳性结果时，再在较窄的剂量范围内确定剂量反应关系。

③ 溶剂可选用水、二甲基亚砜（每皿不超过 0.4mL），或其他溶剂（毒性剂量以下）。无论选用什么溶剂均应无诱变性。

④ 点试法试验只局限于能在琼脂上扩散的化学物质，大多数多环芳烃和难溶于水的化学物质均不适宜用此法。此法敏感性较差，主要是一种定性试验，适用于快速筛选大量受试化合物。

⑤ 平板掺入试验可定量测试样品致突变性的强弱。此法较点试法敏感，获得阳性结果所需的剂量较低。点试法获阳性结果的浓度用于掺入试验（每皿 0.1mL），往往出现抑（杀）菌作用。

⑥ 致突变作用迟缓或有抑菌作用的试样，培养时间延长至 72h。

⑦ 挥发性的液体和气体试样，可用干燥器内试验法进行测试。

4.8.6　实验报告

① 掺入法的结果判定：以直接计数培养基上长出回变菌落数的多少而定，如在背景生长良好条件下，受试回变菌落数增加一倍以上（即回变菌落数等于或大于 2 乘以空白对照数），并有剂量反应关系或至少某一测试点有可重复的并有统计学意义的阳性反应，即可认为该受试物为诱变阳性。

② 点试法的结果判定：如在受试物点样纸片周围长出较多密集的回变菌落，即与空白对照相比有明显区别者，可初步判定该受试物为阳性，但应该用掺入法试验来证实。

③ 测试物经 4 个试验菌株测定后，只要有一个试验菌株，无论在加 S-9 或未加 S-9 条件下为阳性，均可报告该受试物对鼠伤寒沙门菌为致突变阳性。如果受试物经 4 个试验菌株检测后，无论加 S-9 和未加 S-9 均为阴性，则可报告该受试物为致突变阴性。

④ 使用过的玻璃器皿要在 121℃ 高压灭菌 20min 后，才能洗净、烘干，供下次使用。

4.8.7　思考题

① Ames 试验为什么选用沙门菌组氨酸营养缺陷型（his⁻）菌株？

② Ames 试验是否一定要添加 S-9 混合液？S-9 混合液的作用是什么？

③ Ames 实验时，为什么有时在测试物周围没有突变菌，而在离药物较远的地方有很多回复突变菌？

④ 诱变剂 4-硝基邻苯二胺引起的沙门菌 TA98 突变为何种类型的突变？

⑤ 比较两种实验方法的优缺点。

参考文献

[1]　朱章玉，俞吉安，林志新.光合细菌的研究及其应用［M］.上海：上海交通大学出版社，1991.

[2]　刘如林，刁虎欣，梁风来.光合细菌及其应用［M］.北京：中国农业科学技术出版社，1991.

[3]　钱存柔，黄仪秀.微生物学实验教程［M］.北京：北京大学出版社，2000.

[4]　吴向华，杨启银，刘五星，等.光合细菌的研究进展及其应用［J］.中国农业科技导报，2004，35-38.

[5]　王家玲，李顺鹏，黄正.环境微生物学［M］.北京：高等教育出版社，2004.

[6]　周洪波，刘飞飞，邱冠周.一株光合细菌的分离鉴定及污水处理能力研究［J］.生态环境，2006，15（5）：901-904.

[7]　国家环境保护局.水和废水监测分析方法［M］.北京：中国环境科学出版社，2002.

[8]　国家环境保护部.水质 挥发酚的测定 4-氨基安替比林分光光度法：HJ503-2009［S］.北京：中国环境科学出版社.

[9]　沈锡辉，刘志培，王保军，等.苯酚降解菌红球菌 PNAN5 菌株（*Rhodococcus* sp. strain PNAN5）的分离鉴定、降解特性及其开环双加氧酶性质研究［J］.环境科学学报，2004，24（3）：482-486.

[10]　徐玉泉，张维，陈明，等.一株苯酚降解菌的分离和鉴定［J］.环境科学学报，2000，20（4）：450-455.

[11]　李慧娟，赵从，王力，等.一株苯酚降解菌的鉴定及其降解特性［J］.微生物学通报，2012，39（10）：1396-1406.

[12]　布坎南 R E，吉本斯 N E.伯杰细菌鉴定手册［M］.第 8 版.北京：科学出版社，1984.

[13]　牛世全，胡正嘉.高效解酚细菌的筛选［J］.环境科学与技术，1991（2）：44-47.

[14]　袁利娟，姜立春，彭正松，等.一株高效苯酚降解菌的选育及降酚性能研究［J］.微生物学通报，2009，36（4）：587-592.

[15]　任河山，王颖，赵化冰，等.酚降解菌株的分离、鉴定和在含酚废水生物处理中的应用［J］.环境科学，2008，29（2）：482-487.

[16]　东秀珠，蔡妙英.常见细菌系统鉴定手册［M］.北京：科学出版社，2001.

[17]　姜立春，阮期平，袁利娟，等.高效降酚菌株 JY03 的筛选及其降解特性研究［J］.环境工程学报，2011，5（8）：1912-1916.

[18]　景晟，张洪英，张海彬.硝化细菌的分离鉴定［J］.畜牧与兽医，2007，39（3）：4-7.

[19]　江惠霞.高效硝化、反硝化菌的筛选及性能研究［D］.浙江农林大学，2012.

[20]　宋颖琦，刘睿倩，杨谦，等.纤维素降解菌的筛选及其降解特性的研究［J］.哈尔滨工业大学学报，2002，34（2）：197-200.

[21]　白洪志.降解纤维素菌种筛选及纤维素降解研究［D］.哈尔滨工业大学，2008.

[22]　杜晨辉，翟世博，黄素云，等.甲胺磷农药降解菌的筛选及其降解效能研究［J］.海南师范大学学报（自然科学版），2014，27（3）：288-292.

[23]　张广志，张新建，扈进冬，等.有机磷农药降解菌的筛选及降解能力测定［J］.河南农业科学，2009，38（3）：63-65.

[24]　胡浩，曾清如，杨海君，等.两株表面活性剂降解菌的分离、鉴定及降解特性［J］.中国环境科学.

2008，28（1）：43-48.

［25］ 罗凯.一株表面活性剂降解菌的富集分离及降解能力测定［J］.科协论坛，2009（10），116.

［26］ 陈虹，杜晓娟，伏瑾，等.双链 PCR 产物直接测序方法介绍［J］.中华医学遗传学杂志.1995，12（5）：293-294.

［27］ 周德庆，徐德强.微生物学实验教程［M］.第 3 版，北京：高等教育出版社，2013.

［28］ 杨革.微生物学实验教程［M］.第 2 版，北京：科学出版社，2010.

［29］ 高海春.微生物学实验简明教程［M］.北京：高等教育出版社，2015.

［30］ Ames B N，Mccann J，Yamasaki E. Methods for detecting carcinogens and mutagens with the *Salmonella*/mammalian-microsome mutagenicity test［J］. Mutation Research. 1975. 31（6）：347-364.

附　　录

附录Ⅰ　常用消毒液的配制与使用

1.1　新洁尔灭

新洁尔灭（dodecyl dimethyl benzyl ammonium bromide）是常用的消毒剂，主要用于皮肤、医疗器械、器皿、接种室空气等的消毒灭菌，对许多非芽孢型病原菌、革兰氏阳性菌和阴性菌杀菌效果好，经几分钟接触即灭菌，尤其对革兰氏阳性菌杀菌力更大。其原液的浓度是 5%，通常用 0.1%～0.25% 水溶液。用新洁尔灭消毒金属器械时，要在 1000mL 溶液中加入 5g $NaNO_2$，以防生锈。

1.2　苯酚（石炭酸）

苯酚（phenol）是一种有效的常用杀菌剂，1% 苯酚水溶液能杀死大多数的菌体，通常用 3%～5% 水溶液进行接种室喷雾消毒或器皿的消毒，5% 以上溶液对皮肤有刺激性。在生物制品中，加入 0.5% 石炭酸可作防腐剂。

1.3　来苏尔（甲酚皂）

来苏尔（saponated cresol solution）即煤酚皂溶液。其杀菌效力比石炭酸大 4 倍，通常以 1%～2% 溶液用于手的消毒（浸泡 2min）和无菌室内喷雾消毒，5% 溶液多用于各种器械和器皿的消毒。

1.4　乙醇

70% 的乙醇杀菌力最强，它能使蛋白质脱水和变性，在 3～5min 内杀死细菌。因此，它可用于消毒和防腐，适用于皮肤、工具、设备、容器、塑料制品、房间等的消毒。高浓度的乙醇（95%～100%）能引起菌体表层蛋白质凝固，形成保护层，使乙醇分子不易透过，因此杀菌能力反而弱。

1.5　过氧化氢

过氧化氢（hydrogen peroxide）是淡蓝色的黏稠液体，可以任意比例与水混溶，是一种强氧化剂，水溶液俗称双氧水，为无色透明液体。其溶液在一般情况下会缓慢分解成水和氧气，但分解速度极其慢，加入 MnO_2 催化剂或用短波射线照射可加快其反应速度。$1\%\sim 2\%$ 的过氧化氢溶液适用于工具、设备、容器和环境消毒，及医用伤口消毒和食品消毒。器具放入消毒液体中，浸泡 30min 即可完成杀菌消毒过程。

1.6 过氧乙酸

过氧乙酸（peracetic acid）为透明至淡黄色液体，是刺激性很强的消毒剂，可以用来消毒空间，一般可用于仓库或家庭中的空气消毒，效果很好。地面、墙壁、门窗消毒可用 $0.2\%\sim 0.5\%$ 的过氧乙酸进行喷雾。用喷雾器进行喷洒消毒，要佩戴好防护面具，喷洒后关闭门窗 30min，然后通风即可；器皿、用具可浸泡在 0.5% 的过氧乙酸溶液中消毒 30min，浸泡时，消毒液要漫过被消毒器具。

1.7 次氯酸钠

次氯酸钠（sodium hypochlorite）溶液有非常刺鼻的气味，是强性消毒剂，其杀菌作用与漂白粉基本相同。由于次氯酸钠在水中可产生次氯酸，且极易产生氧和氯，微生物细胞蛋白质受到氧化和部分氯化作用而死亡。可用于皮肤消毒（$0.005\%\sim 0.01\%$）和器具消毒（$0.01\%\sim 0.02\%$），器具消毒作用时间 30min 以上。

1.8 福尔马林

福尔马林（formalin）的作用原理是阻止细胞核蛋白的合成，抑制细胞分裂及细胞核和细胞质的合成，导致微生物的死亡。是常用的细菌、真菌杀菌剂。它的 $2\%\sim 5\%$ 水溶液能在 24h 内杀死细菌芽孢，常用来消毒器皿和器具。如用于无菌室等房屋消毒，取 100mL 福尔马林，放在盆内，用小火微加热，促使蒸发，在 10h 内可对 $3m^3$ 左右体积房屋的空气进行消毒灭菌。

1.9 二氧化氯

二氧化氯（chlorine dioxide）具有很强的氧化作用，是国际上公认的高效消毒灭菌剂。它可以杀灭一切微生物，包括细菌繁殖体、细菌芽孢、病毒、藻类和真菌等，并且这些细菌不会产生抗药性。二氧化氯对微生物细胞壁有较强的吸附穿透能力，可有效地氧化细胞内含巯基的酶，还可以快速地抑制微生物蛋白质的合成来破坏微生物细胞。空气消毒可采用气溶胶喷雾消毒法，将 0.2% 二氧化氯按照 $20mL/m^3$ 用量，消毒 60min（密闭环境）；物体表面消毒浓度为 $0.05\%\sim 0.1\%$。

消毒液使用注意事项：

（1）新洁尔灭溶液与肥皂等阴离子表面活性剂有配伍禁忌，易失去杀菌效力，所以用肥皂洗手时必须将肥皂冲洗干净。

（2）70% 乙醇溶液配制好后必须密闭保存。

（3）处理洁净室器具、设备等的消毒液应定期更换，以免产生耐药菌株，一周更换一次。

（4）配制消毒液时操作人员必须戴橡胶手套，防止烧伤。

（5）消毒液配制后由配制人员做好记录。

（6）保持一定温度（不低于 16℃），使用时要达到规定的作用时间。

（7）消毒剂对人有一定毒性，对多种物品有破坏作用，所以必须注意安全。

（8）消毒后要用清水冲洗或擦拭、开窗通风。

附录 Ⅱ 环境微生物实验常用培养基

2.1 牛肉膏蛋白胨培养基（beef extract peptone medium）

牛肉膏	5g
蛋白胨	10g
NaCl	5g
琼脂	20g
蒸馏水	1000mL

pH7.0～7.2，121℃高压灭菌 20min。

2.2 高氏 1 号琼脂培养基（Gauze's medium No.1）

可溶性淀粉	20g
KNO_3	1g
K_2HPO_4	0.5g
$MgSO_4 \cdot 7H_2O$	0.5g
琼脂	20g
蒸馏水	1000mL

pH7.1～7.5，121℃高压灭菌 20min。

2.3 马铃薯葡萄糖琼脂培养基（potato dextrose agar medium, PDA）

马铃薯（去皮切块）	200g
葡萄糖	20g
琼脂	20g
蒸馏水	1000mL

将马铃薯去皮切块，加 1000mL 蒸馏水，煮沸 10～20min。用纱布过滤，补加蒸馏水至 1000mL。加入葡萄糖和琼脂，加热溶化，分装，115℃高压灭菌 20min。

2.4 麦氏（MacConkey）培养基（葡萄糖醋酸钠培养基）

葡萄糖	1g
KCl	1.8g
酵母膏	2.5g
醋酸钠	8.2
琼脂	20g
蒸馏水	1000mL

115℃高压灭菌 20min。

2.5　麦芽汁琼脂培养基（malt extract agar medium）

麦芽汁粉	130g
氯霉素	0.1g
琼脂	20g
蒸馏水	1000mL

pH6.0～6.4，115℃高压灭菌 20min（灭菌完冷却后加氯霉素）。

2.6　马丁氏琼脂培养基（Martin's agar medium）

KH_2PO_4	1g
$MgSO_4 \cdot 7H_2O$	0.5g
蛋白胨	5g
葡萄糖	10g
琼脂	20g
蒸馏水	1000mL

pH 自然，115℃高压灭菌 20min。

1000mL 培养液加 3mL 1％孟加拉红水溶液。使用前每 100mL 培养基中加 1％链霉素液 0.3mL。

2.7　改良乳酸细菌（MRS）培养基

酪蛋白胨	10g
牛肉浸取物	10g
酵母提取液	5g
葡萄糖	5g
乙酸钠	5g
柠檬酸二胺	2g
吐温 80	1g
K_2HPO_4	2g
$MgSO_4 \cdot 7H_2O$	0.2g
$MnSO_4 \cdot 4H_2O$	0.05g
$CaCO_3$	20g
琼脂	20g
蒸馏水	1000mL

pH6.8，115℃高压灭菌 20min。

2.8　PTYG 培养基

胰蛋白胨	5g
大豆蛋白胨	5g
酵母粉	10g

葡萄糖	10g
吐温 80	1mL
琼脂	20g
L-半胱氨酸盐酸盐	0.05g
盐溶液	4mL
蒸馏水	1000mL

pH6.8～7.0，115℃高压灭菌 20min。

盐溶液制备：无水氯化钙 0.2g，K_2HPO_4 1g，$MgSO_4 \cdot 7H_2O$ 0.48g，Na_2CO_3 10g，NaCl 2g，蒸馏水 1000mL，溶解后备用。

2.9　范尼尔氏液体培养基（Van Niel's yeast medium）

酵母膏	1～2g
NH_4Cl	1g
$MgSO_4 \cdot 7H_2O$	0.2g
K_2HPO_4	0.5g
NaCl	0.5g
$NaHCO_3$	2g
蒸馏水	960mL

pH7.0～7.2，121℃高压灭菌 20min。

除 $NaHCO_3$ 外，各成分溶解后，121℃高压灭菌 20min，然后再分别加入 $NaHCO_3$ 溶液（5% $NaHCO_3$ 水溶液，过滤除菌，取 40mL 加入无菌培养基中）。

2.10　亚硝化菌培养基

$(NH_4)_2SO_4$	0.5g
NaCl	0.3g
$FeSO_4 \cdot 7H_2O$	0.03g
K_2HPO_4	1g
$MgSO_4 \cdot 7H_2O$	0.03g
$CaCl_2$	7.5g
蒸馏水	1000mL

自然 pH，固体培养基添加 2% 的琼脂，121℃高压灭菌 20min。

2.11　硝化菌培养基

$NaNO_2$	1g
NaCl	0.3g
$MnSO_4 \cdot 4H_2O$	0.01g
K_2HPO_4	0.75g
$MgSO_4 \cdot 7H_2O$	0.03g
Na_2CO_3	1g
NaH_2PO_4	0.25g

蒸馏水	1000mL

自然 pH，固体培养基添加 2% 的琼脂，121℃ 高压灭菌 20min。

2.12　反硝化菌培养基

KNO_3	2g
$MgSO_4 \cdot 7H_2O$	0.2g
$C_4H_4O_6KNa \cdot 4H_2O$	20g
KH_2PO_4	0.5g
蒸馏水	1000mL

pH7.2，向培养基中加入 2% 琼脂配制成固体培养基，121℃ 高压灭菌 20min。

2.13　Giltay 培养基

A 液	
KNO_3	1g
天冬酰胺	1g
1% BTB 乙醇溶液	5mL
蒸馏水	500mL
B 液	
柠檬酸钠	8.5g
$MgSO_4 \cdot 7H_2O$	1g
$FeCl_3 \cdot 6H_2O$	0.05g
KH_2PO_4	1g
$CaCl_2 \cdot 2H_2O$	0.2g
蒸馏水	500mL

以 1:1 比例混合 A、B 溶液，调节 pH 至 7.0~7.2，121℃ 高压灭菌 20min。

2.14　营养肉汤培养基（nutrient broth medium，NB）

牛肉膏	3g
蛋白胨	10g
NaCl	5g
蒸馏水	1000mL

pH 至 7.0~7.4，121℃ 高压灭菌 20min。

2.15　羧甲基纤维素钠培养基（CMC-Na）

$NaNO_3$	2g
K_2HPO_4	1g
KCl	0.5g
$MgSO_4 \cdot 7H_2O$	0.5g
$FeSO_4$	0.01g
CMC-Na	10g

| 琼脂 | 20g |
| 蒸馏水 | 1000mL |

pH9.5，121℃高压灭菌 20min。

2.16　滤纸培养基（filter paper medium）

$(NH_4)_2SO_4$	1g
KH_2PO_4	1g
$CaCl_2 \cdot 6H_2O$	0.1g
$MgSO_4 \cdot 7H_2O$	0.5g
NaCl	0.1g
酵母膏	0.1g
滤纸条	10g
蒸馏水	1000mL

自然 pH，121℃高压灭菌 20min。

2.17　LB 培养基（Luria-Bertani medium）

蛋白胨	10g
酵母膏	5g
NaCl	5g
蒸馏水	1000mL

pH7.0，121℃高压灭菌 20min。

2.18　无机盐基础培养基（mineral basal medium）

NH_4NO_3	0.5g
$CaCl_2 \cdot 6H_2O$	0.1g
K_2HPO_4	0.5g
KH_2PO_4	0.5g
葡萄糖	5g
$MgSO_4 \cdot 7H_2O$	0.2g
NaCl	0.2g
蒸馏水	1000mL

pH7.0，115℃高压灭菌 20min。

2.19　表面活性剂培养基

$Na_2HPO_4 \cdot 12H_2O$	0.07g
NH_4NO_3	6.0g
KCl	0.1g
KH_2PO_4	1g
K_2HPO_4	1g

MgSO$_4$ · 7H$_2$O	0.5g
CaCl$_2$ · 2H$_2$O	0.05g
表面活性剂	0.03g
蒸馏水	1000mL

pH7.0，121℃高压灭菌20min，冷却后加阴离子表面活性剂烷基苯磺酸盐。

2.20　富集培养基

蛋白胨	5g
K$_2$HPO$_4$	1g
MgSO$_4$ · 7H$_2$O	0.5g
CaCl$_2$ · 2H$_2$O	0.126g
蒸馏水	1000mL

pH7.2～7.4，121℃高压灭菌20min，冷却后视需要添加适量的苯酚。

2.21　基础培养基（basic medium）

K$_2$HPO$_4$	0.6g
KH$_2$PO$_4$	0.4g
NH$_4$NO$_3$	0.5g
MgSO$_4$ · 7H$_2$O	0.2g
CaCl$_2$	0.025g
蒸馏水	1000mL

pH7.0～7.5，121℃高压灭菌20min，冷却后视需要添加适量的碳源。

2.22　乳糖蛋白胨培养基（lactose peptone broth medium）

蛋白胨	10g
牛肉膏	3g
乳糖	5g
NaCl	5g
蒸馏水	1000mL

pH为7.2～7.4，再加入1.6%溴甲酚紫乙醇溶液1mL，充分混匀，121℃高压灭菌15min。

2.23　伊红美蓝琼脂培养基（EMB medium）

蛋白胨	10g
乳糖	10g
K$_2$HPO$_4$	2g
琼脂	20g
2%伊红水溶液	20mL
0.5%美蓝水溶液	13mL
蒸馏水	定容至1000mL

先将琼脂加到 900mL 蒸馏水中，加热溶解，再加入 K_2HPO_4 及蛋白胨，混合使之溶解，用蒸馏水补充至 1000mL，调节溶液 pH 值至 7.2~7.4，趁热用脱脂棉或绒布过滤，加入 2% 伊红水溶液和 0.5% 美蓝水溶液，再加入 10g 乳糖，于 115℃ 高压灭菌 20min，放冷至 45℃ 左右，无菌操作下将此培养基适量倾入已灭菌的空平皿内，待冷却凝固后，置于冰箱内备用。

2.24　品红亚硫酸钠琼脂培养基（fuchsin basic sodium sulfite agar medium）

蛋白胨	10g
乳糖	10g
K_2HPO_4	3.5g
5% 碱性品红乙醇溶液	20mL
Na_2SO_3	5g
琼脂	20~30g
蒸馏水	定容至 1000mL

先将 20~30g 琼脂加到 900mL 蒸馏水中，加热溶解，然后加入 3.5g K_2HPO_4 及 10g 蛋白胨，混匀，使其溶解，再用蒸馏水补充到 1000mL，调节溶液 pH 至 7.2~7.4。趁热用脱脂棉或绒布过滤，再加 10g 乳糖，混匀，121℃ 高压灭菌 15min。

按 1:50 比例吸取 5% 碱性品红乙醇溶液，置于灭菌空试管中；再按 1:200 比例称取无水 Na_2SO_3，置于另一灭菌空试管内，加灭菌水少许使其溶解，再置于沸水浴中煮沸 10min（灭菌）。用灭菌吸管吸取已灭菌的 Na_2SO_3 溶液，滴加于碱性品红乙醇溶液内至深红色再褪至淡红色为止（不宜加多）。

将混合液全部加入已融化的储备培养基内，并充分混匀（防止产生气泡），倾入已灭菌的平皿内，冷却凝固后置于冰箱内备用，但保存时间不宜超过 2 周。如培养基由淡红色变成深红色则不能再用。

2.25　油脂培养基

蛋白胨	10g
牛肉膏	5g
NaCl	5g
香油或花生油	10g
1.6% 中性红水溶液	1mL
琼脂	20g
蒸馏水	1000mL

pH7.2，121℃ 高压灭菌 15min。

2.26　淀粉琼脂培养基（starch agar medium）

蛋白胨	10g
NaCl	5g
牛肉膏	5g
可溶性淀粉	2g
琼脂	20g

蒸馏水	1000mL

pH7.2，115℃高压灭菌15min。

2.27　明胶培养基（gelatin medium）

牛肉膏	3g
蛋白胨	10g
明胶	120g
NaCl	5g
蒸馏水	1000mL

在水浴锅中将上述成分溶化，不断搅拌。溶化后调pH7.2～7.4，112.6℃高压灭菌30min。

2.28　尿素琼脂培养基（urea agar medium）

胃蛋白胨	1g
D-葡萄糖	1g
NaCl	5g
Na_2HPO_4	1.2g
KH_2PO_4	0.8g
酚红	0.012g
40%尿素溶液	50mL
琼脂	20g
蒸馏水	定容至1000mL

先将培养基其他成分加热煮沸至完全溶解，调节pH至6.6～7.0，115℃高压灭菌20min。冷却至50℃左右，加入50mL无菌40%尿素溶液。由于尿素受热十分容易分解，不要过度加热也不要重新加热。

2.29　蛋白胨水培养基（peptone water medium）

蛋白胨	10g
NaCl	5g
蒸馏水	1000mL

pH7.6，121.3℃高压灭菌20min。

2.30　糖发酵培养基

蛋白胨水培养基	1000mL
酸性复红水溶液	2～5mL
pH7.6	

另配20%糖溶液（葡萄糖、乳糖、蔗糖等）各10mL。将上述含指示剂的蛋白胨水培养基分装于试管中，在每管内放一倒置的小玻璃管（杜汉氏小管），使之充满培养液。将已分装好的蛋白胨水和20%的各种糖溶液分别灭菌，蛋白胨水121.3℃高压灭菌20min，糖溶液112.6℃灭菌30min。分别按1%的最终浓度加入20%的无菌糖溶液。

2.31 葡萄糖蛋白胨水培养基

蛋白胨	5g
葡萄糖	5g
K_2HPO_4	2g
蒸馏水	1000mL

pH7.0～7.2，过滤，112.6℃灭菌30min

2.32 H_2S试验用培养基

蛋白胨	20g
NaCl	5g
柠檬酸铁铵	0.5g
$Na_2S_2O_3$	0.5g
琼脂	20g
蒸馏水	1000mL

pH7.2，先将琼脂、蛋白胨熔化，冷至60℃加入其他成分。112.6℃灭菌15min。

2.33 硝酸盐培养基

KNO_3	0.2g
蛋白胨	5g
蒸馏水	1000mL

pH7.4，121℃高压灭菌15min。

2.34 察氏培养基

$NaNO_3$	3g
K_2HPO_4	1g
$MgSO_4 \cdot 7H_2O$	0.5g
KCl	0.5g
硫酸亚铁	0.01g
蔗糖	30g
琼脂	20g
蒸馏水	1000mL

加热溶解，分装后121℃灭菌20min。

附录Ⅲ 常用染色液的配制

3.1 革兰氏（Gram）染色液（革兰氏染色）

（1）草酸铵结晶紫染液
A液：结晶紫（crystal violet）2g，95%乙醇20mL。
B液：草酸铵（ammonium oxalate）0.8g，蒸馏水80mL。

将 A、B 两种溶液混合并过滤，静置48h后使用。该溶液放置过久会产生沉淀，不能再用。

（2）助染剂卢戈氏（Lugol）碘液

碘片1g，碘化钾2g，蒸馏水300mL。

先将碘化钾溶解在少量蒸馏水中，再将碘片溶解在碘化钾溶液中，溶时可稍加热，待碘全溶后，加水补足至300mL。此溶液2周内有效。为易于贮存，可将上述碘与碘化钾溶于30mL蒸馏水中，临用前再加水稀释。

（3）脱色剂

脱色剂为95%的乙醇溶液。

（4）复染剂番红复染液

番红2.5g，95%乙醇100mL，将10mL番红乙醇溶液加到90mL蒸馏水中混合。

3.2 硝酸银染色液（鞭毛染色）

A液：单宁酸5g，$FeCl_3$1.5g，蒸馏水100mL，15%甲醛2mL，NaOH（1%）1mL。

配好后，宜当日使用，次日效果差，第三日则不宜使用。

B液：$AgNO_3$2g，蒸馏水100mL。

待$AgNO_3$溶解后，取出10mL备用，向其余的90mL $AgNO_3$中滴入浓NH_4OH，使之成为很浓厚的悬浮液，再继续滴加NH_4OH，直到新形成的沉淀又重新刚刚溶解为止。再将备用的10mL $AgNO_3$慢慢滴入，则出现薄雾，但轻轻摇动后，薄雾状沉淀又消失，再滴入$AgNO_3$，直到摇动后仍呈现出轻微而稳定的薄雾状沉淀为止。如所呈雾不重，此染剂可使用一周，如雾重，则银盐沉淀析出，不宜使用。

3.3 费氏及康氏（Fisher and Cohn）染色液（鞭毛染色）

原液Ⅰ：单宁酸（即鞣酸）3.6g，三氯化铁0.75g，蒸馏水50mL。

原液Ⅱ：95%乙醇10mL，碱性复红0.05g。

应用液：A液为原液Ⅰ；B液为原液Ⅰ 27mL，原液Ⅱ 4mL，浓盐酸4mL，37%甲醛15mL。染色前用滤纸过滤后，取清液备用。

3.4 改良的利夫森（Leifson）染色液（鞭毛染色）

A液：20%单宁酸　　　　　　2mL。

B液：饱和钾明矾液（20%）　2mL。

C液：5%石炭酸　　　　　　 2mL。

D液：碱性复红乙醇（95%）饱和液1.5mL。

B液加到A液中，C液加到A、B混合液中，D液加到A、B、C混合液中，混合均匀，过滤15～20次，2～3日内使用。

3.5 Schaeffer和Fulton氏染色液（芽孢染色）

（1）孔雀绿染液：孔雀绿（malachite green）5g，蒸馏水100mL。

取5g孔雀绿，加入少量蒸馏水，溶解后，用蒸馏水稀释到100mL，即成孔雀绿染液。

（2）番红水溶液：番红 0.5g，蒸馏水 100mL。

取番红 0.5g，加入少量蒸馏水，溶解后，用蒸馏水稀释到 100mL，即成番红花红复染液。

（3）苯酚品红溶液：碱性品红（fuchsin basic）11g，无水乙醇 100mL。

取上述溶液 10mL 与 100mL 5％的苯酚溶液混合，过滤备用。

3.6 荚膜染色液（夹膜染色）

（1）黑色素（nigrosin）水溶液：黑色素 10g，蒸馏水 100mL，40％甲醛 0.5mL。

将黑色素溶于 100mL 蒸馏水中，置沸水浴中 30min 后，滤纸过滤两次，补加水到 100mL，再加 0.5mL 甲醛作防腐剂。

（2）墨汁染色液，国产绘图墨汁 40mL，甘油 2mL，液体石炭酸 2mL。

先将墨汁用多层纱布过滤，加甘油混匀后，水浴加热，再加石炭酸搅匀，冷却后备用。

（3）番红染液与革兰氏染液中番红复染液相同。

3.7 甲基紫染液（夹膜染色）

取甲基紫（methyl violet）0.5g，加到 100mL 生理盐水中，溶解后加入冰醋酸 0.02mL。

3.8 Tyler 染色液（夹膜染色）

A 液：取结晶紫 0.1g，溶于少量蒸馏水后，加水稀释到 100mL，再加入 0.25mL 冰醋酸-结晶紫染液。

B 液：取硫酸铜 31.3g，溶于少量蒸馏水后，加水稀释到 100mL，即制成 20％硫酸铜脱色剂。

3.9 石炭酸复红染色液（细菌夹膜、放线菌、酵母菌染色）

A 液：碱性复红（basic fuchsin）0.3g，95％乙醇 10mL。

B 液：石炭酸（苯酚）5g，蒸馏水 95mL。

将碱性复红在研钵中研磨后，逐渐加入 95％乙醇，继续研磨使之溶解，配成 3％复红乙醇溶液。将石炭酸溶解于水中配成 5％石炭酸水溶液。取 A 液 10mL、B 液 90mL 混合过滤即成石炭酸复红染色液。使用时将混合液稀释 5～10 倍，稀释液易变质失效，一次不宜多配。

3.10 0.1％吕氏（Loeffler）碱性美蓝染液（放线菌、酵母菌染色）

A 液：美蓝（methylene blue）0.3g，95％乙醇 30mL。

B 液：KOH 0.01g，蒸馏水 100mL。

分别配制 A 液和 B 液，配好后混合即可。

3.11 乳酸石炭酸棉蓝染色液（霉菌染色）

石炭酸 10g，乳酸（密度 1.21）10mL，甘油 20mL，蒸馏水 10mL，棉蓝（cottonblue）0.02g。

将石炭酸加在蒸馏水中加热溶解，然后加入乳酸和甘油，最后加入棉蓝，使其溶解即可。

附录Ⅳ 常用试剂及溶液的配制

4.1 3%酸性乙醇溶液

量取 3mL 浓 HCl，缓慢加入 95％乙醇中，定容至 100mL。

4.2 中性红指示剂

称取 0.1g 中性红（neutral red）溶于 70mL 95％乙醇中，再用蒸馏水定容至 100mL。

4.3 甲基红试剂

先将 0.04g 甲基红（methyl red）溶于 60mL 95％乙醇中，然后加入 40mL 蒸馏水。

4.4 1%孟加拉红水溶液

将 1g 孟加拉红（rose bengal）溶解在蒸馏水中，再定容至 100mL。

4.5 5%碱性品红乙醇溶液

取 5g 碱性品红（magenta red），用少量乙醇溶解后，再用蒸馏水定容至 100mL。

4.6 吲哚试验试剂

将 2g 对二甲基氨基苯甲醛（4-dimethylamino benzaldehyde）溶于 190mL 95％的乙醇中，再缓慢加入 40mL 浓盐酸。

4.7 4mg/mL 的 TTC 溶液

取 400mg 2,3,5-氯化三苯基四氮唑（TTC）和 2g 葡萄糖溶于少量蒸馏水中，再定容至 100mL，贮存于棕色瓶中，一周更换一次。

4.8 Tris-HCl 缓冲液（pH8.4）

称取 6.037g 三羟甲基氨基甲烷（Tris），加入约 800mL 去离子水中，充分搅拌溶解，再加入 20mL 1mol/L HCl，再定容至 1000mL。

4.9 10%硫化钠溶液

称取 10g Na_2S（分析纯），用蒸馏水定容至 100mL。

4.10 无氧水

称取 0.36g Na_2SO_3，用蒸馏水定容至 100mL。

4.11 2 mol/L NaOH 溶液

称取 8g NaOH 溶解于蒸馏水中，冷却后转移至 100mL 容量瓶中定容。

4.12　0.05mol/L HCl 溶液

量取 4.2mL 的浓盐酸，先用蒸馏水稀释，再用容量瓶配制成 1000mL 溶液即可。

4.13　1%酚酞溶液

称取 1g 酚酞（phenolphthalein），先用少量 75％乙醇溶解，再用 75％乙醇定容至 100mL。

4.14　洗涤液

称取 50g $NaH_2PO_4 \cdot H_2O$ 置于 300mL 蒸馏水中，转移至 1000mL 容量瓶，缓慢加入 6mL 浓硫酸，用水稀释至标线。

4.15　亚甲蓝溶液

称取 50g $NaH_2PO_4 \cdot H_2O$ 溶于 300mL 蒸馏水中，转移至 1000mL 容量瓶，缓慢加入 6.8mL 浓硫酸，摇匀。另称取 30mg 亚甲蓝，用 50mL 水溶解后也移入容量瓶，用水稀释至标线，摇匀，贮存于棕色试剂瓶中。

4.16　0.1%甲基橙溶液

称取 0.1g 甲基橙（methyl orange）定容于 100mL 60％乙醇溶液中。

4.17　1.6%溴甲酚紫乙醇溶液

将 1.6g 溴甲酚紫（bromocresol purple）溶于 100mL 95％乙醇溶液中，贮存于棕色瓶中。

4.18　2%伊红水溶液

称取伊红（eosin）2g，用 70％～75％乙醇溶液溶解，再用蒸馏水定容至 100mL。

4.19　0.5%美蓝水溶液

称取 0.5g 美蓝溶于 100mL 蒸馏水中。

4.20　1%草酸铵溶液

称取 1g 草酸铵于 90mL 蒸馏水中，待完全溶解后，用蒸馏水定容至 100mL。

4.21　0.5%氯化钯显色剂

称取氯化钯 0.5g，用 1mL 浓盐酸溶液溶解，加蒸馏水稀释至 100mL。

4.22　硝酸盐还原试剂

Giltay 试剂

A 液：将 0.5g 对氨基苯磺酸（sulfanilic acid）溶于 150mL 5mol/L 乙酸中，于棕色瓶中保存。

B 液：将 0.1g α-萘胺（α-naphthyl amine）加入 20mL 蒸馏水，煮沸后，慢慢加入

5mol/L 乙酸定容至 150mL，于棕色瓶中保存。

二苯胺试剂：

称取二苯胺 0.5g 溶于 100mL 浓硫酸中，再用 20mL 蒸馏水稀释。

在培养液中滴加 A、B 液后溶液如变为粉红色、玫瑰红色、橙色或棕色等表示有亚硝酸盐被还原，反应为阳性。如无颜色出现可加 1～2 滴二苯胺试剂：如溶液呈蓝色表示培养液中仍存在硝酸盐，证明该菌无硝酸盐还原作用；如溶液不呈蓝色，则表明形成的亚硝酸盐已进一步被还原成其他物质，故硝酸盐还原反应仍为阳性。

4.23 0.1%的刃天青

称取刃天青钠盐（resazurin sodium salt）0.1g 溶解于 100mL 蒸馏水中。

4.24 5%α-萘胺

称取 α-萘胺 5g 溶解于乙醇中，定容至 100mL。

4.25 LAS 标准溶液

称取纯直链烷基苯磺酸盐 0.5g，溶于蒸馏水中，稀释至 500mL（浓度为 1mg/mL）。取此溶液 10mL 稀释至 1000mL，得到浓度为 0.01mg/mL 的标准溶液。

4.26 $Na_2B_4O_7$ 饱和溶液

称取 $Na_2B_4O_7$ 40g，溶于 1000mL 蒸馏水中，冷却后使用。

4.27 苯酚标准溶液

称取分析纯苯酚 1g，溶于蒸馏水中，并定容至 1000mL。测定标准曲线时再将 1000mg/L 苯酚溶液稀释至 100mg/L。

4.28 3% 4-氨基安替比林溶液

称取分析纯 4-氨基安替比林 3g，溶于蒸馏水中，并稀释至 100mL，置于棕色瓶中，放冰箱保存，可用两周。

4.29 2%（NH_4)$_2S_2O_8$ 溶液

称取分析纯 $(NH_4)_2S_2O_8$ 2g，溶于蒸馏水中，并稀释至 100mL，置于棕色瓶中，放冰箱保存，可用两周。

4.30 6×DNA 上样缓冲液

取 0.5mol/L EDTA（pH8.0）6mL，甘油 40mL，溴酚蓝 0.05g，充分溶解后，用无菌水定容至 100mL，室温贮存。

4.31 荧光原位杂交实验试剂

a. 20×柠檬酸钠缓冲液（SSC）：175.3g NaCl，88.2g 柠檬酸钠，加水至 1000mL（用 10mol/L NaOH 调 pH 至 7.0）。

b. 去离子甲酰胺（DF）：将 10g 混合床离子交换树脂加入 100mL 甲酰胺中。电磁搅拌30min，用 Whatman 1 号滤纸过滤。

c. 70%甲酰胺/2×SSC：35mL 甲酰胺，5mL 20×SSC，10mL 水。

d. 50%甲酰胺/2×SSC：100mL 甲酰胺，20mL 20×SSC，80mL 水。

e. 50%硫酸葡聚糖（DS）：65℃水浴中溶解，4℃或−20℃保存。

f. 杂交液：40μL 体积分数 50% DS，20μL 20×SSC，40μL ddH$_2$O 混合，取上述混合液 50μL，与 50μL DF 混合即成。其终浓度为体积分数 10% DS、2×SSC，体积分数50% DF。

g. PI/antifade 溶液：

PI 原液：先以双蒸水配制溶液，浓度为 100μg/mL，取出 1mL，加 39mL 双蒸水，使终浓度为 2.5μg/mL。

antifade 原液：以 PBS 缓冲液配制该溶液，使其浓度为 10mg/mL，用 0.5mmol/L 的NaHCO$_3$ 调 pH 值为 8.0。取上述溶液 1mL，加 9mL 甘油，混匀。

PI/antifade 溶液：PI 原液与 antifade 原液按体积比 1∶9 比例充分混匀，−20℃保存备用。

h. DAPI/antifade 溶液：用去离子水配制 1mL/mg DAPI 贮存液，按体积比 1∶300，以antifade 溶液稀释成工作液。

i. 封闭液Ⅰ：5% BSA 3mL，20×SSC 1mL，dd H$_2$O 1mL，吐温 20 5μL 混合。

j. 封闭液Ⅱ：5% BSA 3mL，20×SSC 1mL，山羊血清原液 250μL，dd H$_2$O 750μL，吐温 20 5μL 混合。

k. 荧光检测试剂稀释液：5% BSA 1mL，20×SSC 1mL，dd H$_2$O 3mL，吐温 20 5μL混合。

l. 洗脱液：100mL 20×SSC，加水至 500mL，加吐温 20 500μL。

4.32 活性污泥中微生物总 DNA 提取试剂

a. CTAB 分离缓冲液：（质量体积分数）2% 的 CTAB，1.4mol/L NaCl，20mmol/LEDTA，100mmol/L Tris-HCl（pH 8.0），体积分数 0.2%的巯基乙醇共 100mL。具体配制方法为：称取 2g CTAB，8.18g NaCl，0.74g EDTA Na$_2$·2H$_2$O，加入 10mL 1mol/L 的Tris-HCl（pH8.0），0.2mL 巯基乙醇，定容至 100mL。

b. TE 缓冲液

1mol/L Tris-HCl（pH8.0）的配制：称取 Tris 碱 6.06g，加超纯水 40mL 溶解，滴加浓 HCl 约 2.1mL 调 pH 至 8.0，定容至 50mL。

0.5mol/L EDTA（pH8.0）的配制：称取 EDTA-Na$_2$·DT$_2$O 9.306g，加超纯水35mL，剧烈搅拌，用约 1g NaOH 颗粒调 pH 至 8.0，定容至 50mL。（EDTA-Na$_2$ 盐需加入NaOH 将 pH 调至接近 8.0 时，才会溶解。）

10mmol/L Tris-HCl，1mmol/L EDTA 的配制：1mol/L Tris-HCl 5mL，0.5mol/LEDTA 1mL，ddH$_2$O 400mL，均匀混合，定容至 500mL 后，高温高压灭菌，室温保存。

c. TAE 缓冲液（50×）（pH8.0）：每升溶液中含有 242g Tris，57.1mL 冰乙酸，100mL 0.5mol/L EDTA。电泳时稀释 50 倍使用。

d. 溴酚蓝-甘油指示剂：先配制 0.1%溴酚蓝水溶液，然后取 1 份 0.1%溴酚蓝溶液与等体积的甘油混合即成。

e. 0.5μg/mL 溴化乙锭染液：称取 5mg 溴化乙锭，用双蒸水溶解定容到 10mL，取 1mL 此溶液用 1×TAE 缓冲液稀释至 1000mL，最终浓度为 0.5μg/mL。

附录Ⅴ　Mega 5 软件——系统发育树的构建

5.1　序列文本的准备

构建系统发育树之前先将目标基因序列分别保存为 txt 文本文件（或者把所有序列保存在同一个 txt 文本中，可以用">基因名称"作为第一行，然后重起一行编辑基因序列），序列只包含序列碱基字母（ATCG）或氨基酸简写字母（见附图 5-1）。文件名称可随意编辑。

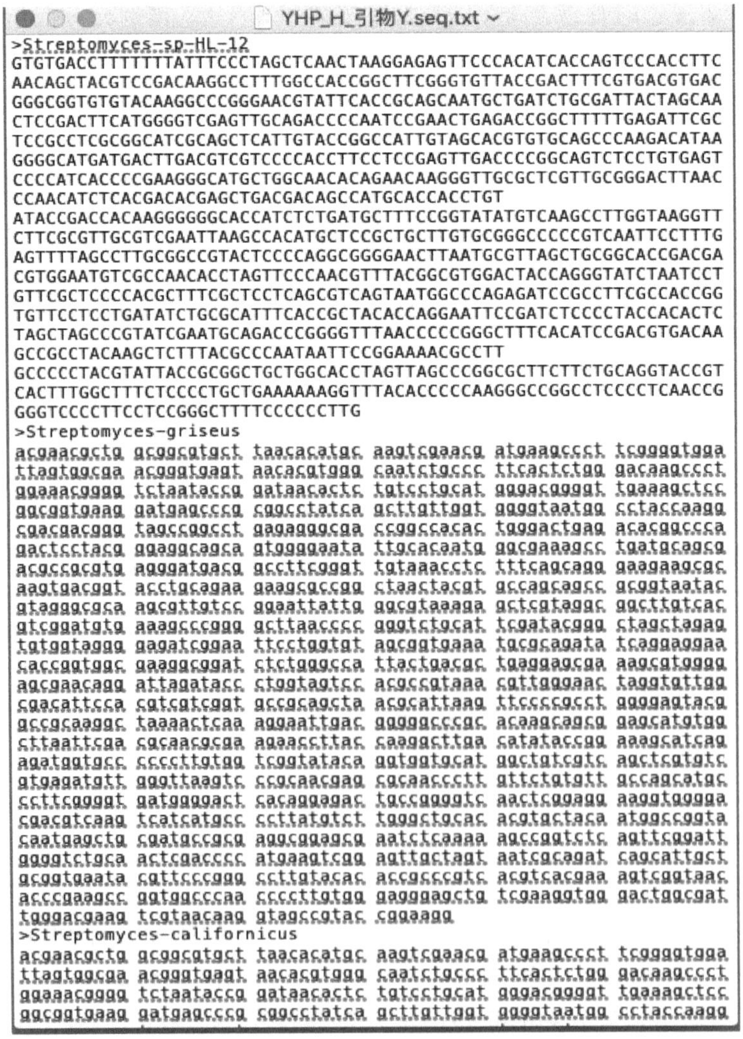

附图 5-1　txt 文件

5.2　将序列导入到 Mega 5 软件

（1）打开 Mega 5 软件，点击窗口左上角 Align，选择 Edit/Build Alignment，选择 Create a new alignment，点击 OK（附图 5-2）。

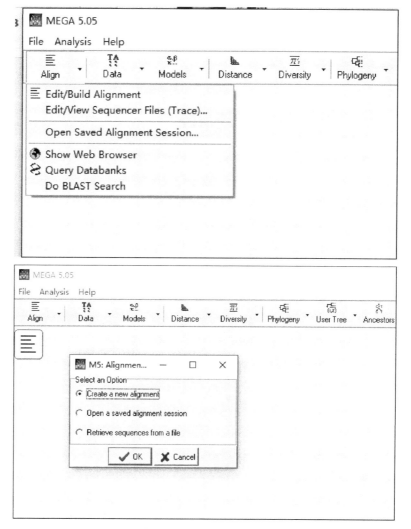

附图 5-2　Align 操作界面

选择序列类型，核酸（DNA）或蛋白质（Protein）（附图 5-3）。

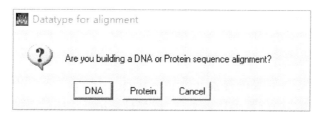

附图 5-3　选择序列类型界面

（2）导入需要构建系统发育树的目的序列

选择之后，点击 Edit，选择 Insert Sequence From File，选择序列文件（可多选）（附图 5-4）。

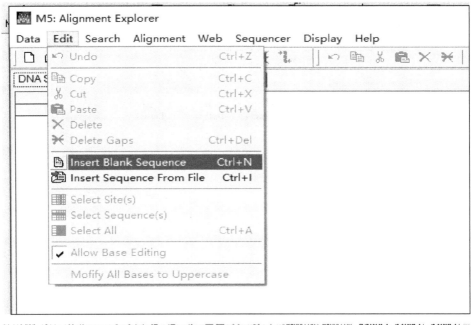

附图 5-4　Edit 操作界面

5.3　序列比对

序列文件加载之后，呈蓝色背景（为选中状态）。点击工具栏中"W"按钮，选择 Align DNA。弹出的窗口中设置比对参数，一般都是采用默认参数即可。点击 OK，开始多序列比对（附图 5-5）。

比对结束后删除两端不能够完全对齐的碱基。比对完成后，呈现附图 5-6 所示状态。

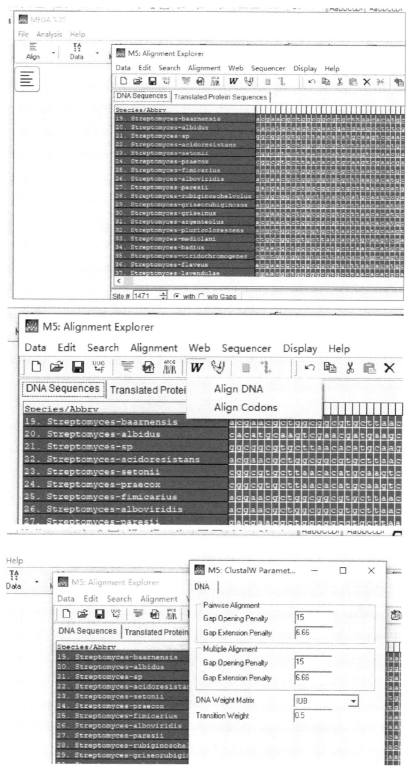

附图 5-5　序列比对操作界面

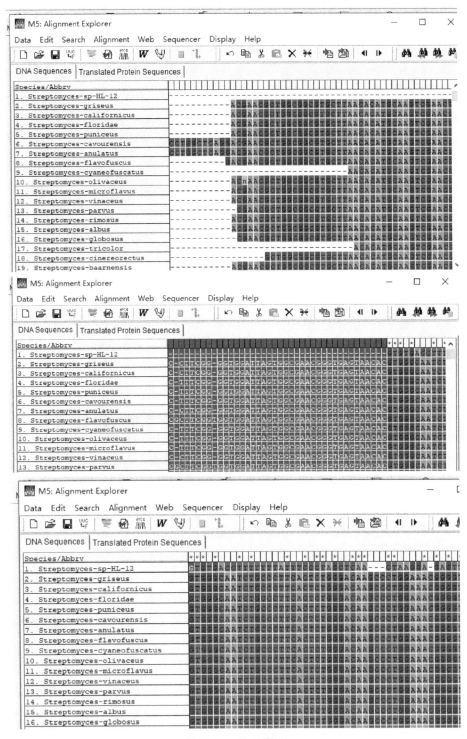

附图 5-6　比对结果

5.4　构建系统发育树

多序列比对窗口，点击 Data，选择 Phylogenetic Analysis，弹出窗口询问"所用序列是否编码蛋白质",根据实际情况选择"Yes"或"No"(附图 5-7)。此时,多序列比对文件就激活了,可以返回 MEGA 5 主界面建树了。

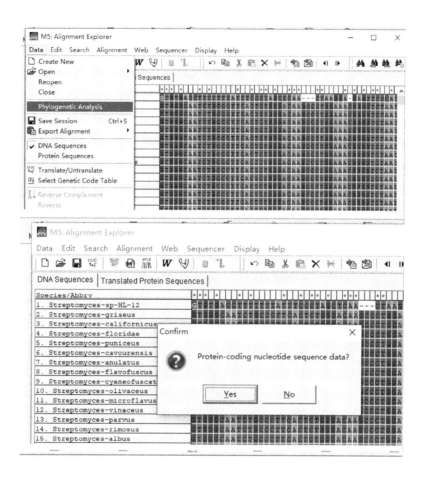

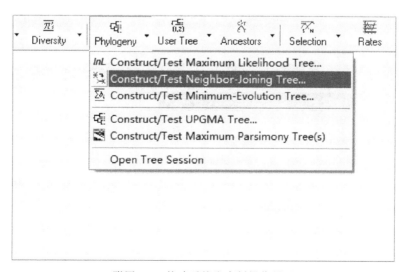

附图 5-7　构建系统发育树操作界面

根据不同分析目的，选择相应的分析算法，此处以 Neighbor-Joining 算法为例（附图 5-8）。

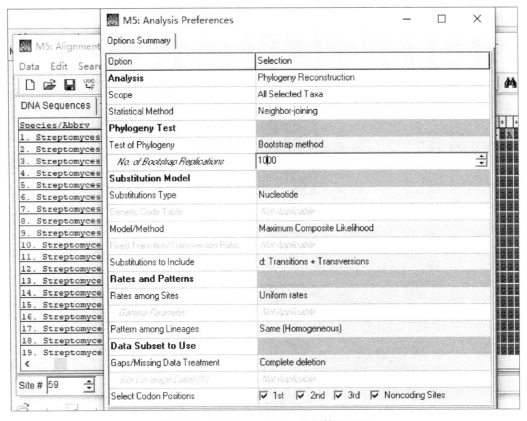

附图 5-8　Neighbor-Joining 分析算法界面

Bootstrap 选择 1000，点击 Compute，开始计算（附图 5-9）。

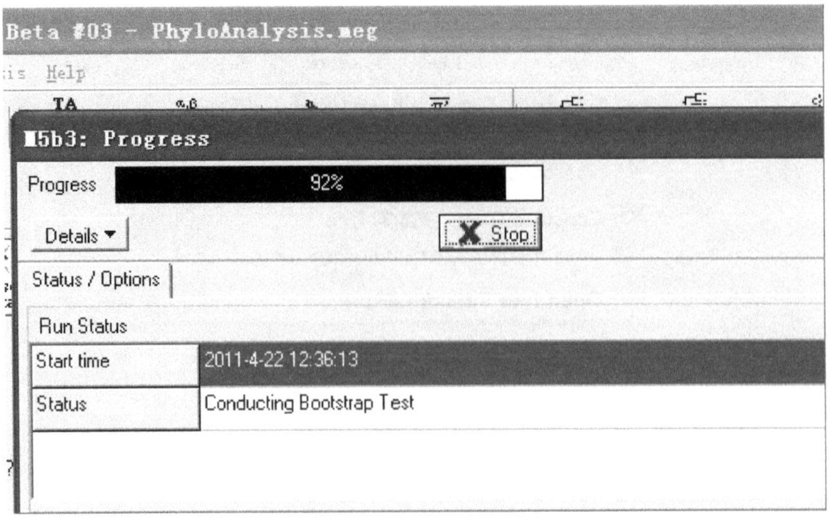

附图 5-9　开始计算

计算完毕后，生成系统发育树（附图 5-10）。

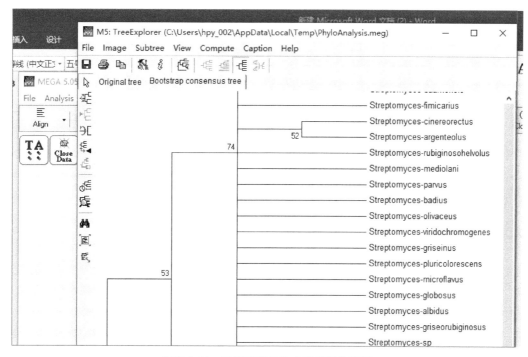

附图 5-10　计算完毕后生成的系统发育树

根据不同目的，导出分析结果，进行简单的修饰，保存。

附录Ⅵ　Ames 致突变试验培养基及试剂的配制

培养基成分或试剂纯度至少应是化学纯，无诱变性。避免重复高温处理，选择适当保存温度和期限，如肉汤保存于 4℃不超过 6 个月，其他详见下述各培养基及溶液说明。

6.1　营养肉汤培养基（制平板时加 1.5%~2% 的琼脂粉）（附表 6-1）

附表 6-1　营养肉汤培养基成分及其含量

成分	含量
牛肉膏	2.5g
蛋白胨	5g
NaCl	2g
$K_2HPO_4 \cdot 3H_2O$	1.3g
蒸馏水	500mL

注：加热溶解，调 pH 至 7.4，分装后 121℃灭菌 20min，普通冰箱保存备用，保存期不超过半年。

6.2 底层培养基所需试剂及制备

6.2.1 磷酸盐储备液（附表6-2）

附表6-2 磷酸盐储备液成分及其含量

成分	含量
$NaNH_4HPO_4 \cdot 4H_2O$	17.5g
$C_6H_8O_7 \cdot H_2O$	10g
K_2HPO_4	50g
$MgSO_4 \cdot 7H_2O$	1g
蒸馏水	100mL

注：1. 121℃灭菌20min。

2. 待其他试剂完全溶解后再将硫酸镁缓慢放入其中继续溶解，否则易析出沉淀。

6.2.2 40%葡萄糖溶液（附表6-3）

附表6-3 40%葡萄糖溶液成分及其含量

成分	含量
葡萄糖	40g
蒸馏水	100mL

注：110℃灭菌20min。

6.2.3 1.5%琼脂培养基（附表6-4）

附表6-4 1.5%琼脂培养基成分及其含量

成分	含量
琼脂粉	6g
蒸馏水	400mL

注：溶化后121℃灭菌20min。

6.2.4 底层培养基（无菌操作）

趁热（80℃），在灭菌琼脂培养基中（400mL）依次加入：

磷酸盐储备液　　　　　　　8mL

40%葡萄糖溶液　　　　　　20mL

充分混匀，待凉至80℃左右时倒平皿，每皿（ϕ90mm）25mL，冷凝固化后倒置于37℃恒温培养箱过夜以除去水分及检查有无污染。

6.3 顶层培养基的成分及制备

6.3.1 顶层琼脂（附表6-5）

附表6-5 顶层琼脂成分及其含量

成分	含量
琼脂粉	3g
NaCl	2.5g
蒸馏水	500mL

6.3.2 0.5mmol/L 组氨酸-生物素溶液（诱变试验用）（附表 6-6）

附表 6-6 0.5mmol/L 组氨酸-生成素溶液的成分及其含量

成分	含量
D-生物素	30.5mg
L-组氨酸	17.4mg
蒸馏水	250mL

6.3.3 顶层培养基制备

加热熔化顶层琼脂，每 100mL 顶层琼脂中加 10mL 0.5mmol/L 组氨酸-生物素溶液。混匀，分装于 100mL 锥形瓶中，121℃灭菌 20min。用时熔化分装于小试管，每管 2mL，在 45℃水浴中保温。

6.4 10% S-9 混合液的配制

依照 Ames Test-Cofactor-Ⅰ试剂盒说明书：

（1）在 1 瓶中添加 9mL 纯净水，溶解出实验所需量。

（2）对溶解物进行过滤灭菌（孔径 0.45μm 微孔滤膜）。

（3）将 1mL 无菌 S-9 加入灭菌后的 Cofactor-Ⅰ中。

按照上述调配法，10% S-9 混合液中各成分浓度如附表 6-7 所示。

表 6-7 10% S-9 混合液成分及其含量

成分	含量/(μmol/mL)
$MgCl_2$	8
KCl	33
6-磷酸葡萄糖	5
NADPH	4
NADH	4
磷酸钠缓冲液	100

6.5 特殊试剂和培养基的配制

（1）0.8%氨苄青霉素溶液（鉴定菌株用，无菌配制）

称取氨苄青霉素 40mg，用 0.02mol/L NaOH 溶液稀释至 5mL，保存于冰箱。

（2）0.1%结晶紫溶液（鉴定菌株用）

称取 100mg 结晶紫，溶于 100mL 无菌水。

（3）L-组氨酸溶液和 0.5mol/L D-生物素溶液（鉴定菌株用）

称取 L-组氨酸 0.4043g 和 D-生物素 12.2mg，分别溶于 100mL 蒸馏水，121℃灭菌 20min，保存于 4℃冰箱。

（4）0.8%四环素溶液（用于四环素抗性试验和氨苄青霉素-四环素平板）

称取 40mg 四环素，用 0.02mol/L HCl 稀释至 5mL，保存于 4℃冰箱。

（5）氨苄青霉素平板和氨苄青霉素-四环素平板

氨苄青霉素平板（用作 TA97、TA98、TA100 菌株的主平板）和氨苄青霉素-四环素平板（用作 TA102 菌株的主平板）每 1000mL 中由附表 6-8 所示成分组成：

附表 6-8　每 1000mL 氨苄青霉素平板和氨苄青霉素-四环素平板成分及其含量

成分	含量/mL
底层培养基	910
磷酸盐储备液	20
40%葡萄糖溶液	50
组氨酸水溶液(0.4043g/100mL)	10
0.5mol/L 生物素	6
0.8%氨苄青霉素溶液	3.15
0.8%四环素溶液	0.25

四环素仅在配制对四环素有抗性的 TA102 的平板时加入。以上成分均需分别灭菌或无菌制备。

（6）组氨酸-生物素平板（组氨酸需要试验用）每 1000mL 中由附表 6-9 所示成分组成：

附表 6-9　每 1000mL 组氨酸-生物素平板成分及其含量

成分	含量/mL
底层培养基	914
磷酸盐储备液	20
40%葡萄糖溶液	50
组氨酸水溶液(0.4043g/100mL)	10
0.5mol/L 生物素	6

注：以上成分均需分别灭菌。

（7）二甲基亚砜

光谱纯，121℃灭菌 20min。

6.6　S-9 辅助因子（混合液试剂）的配制

（1）0.4mol/L $MgCl_2$ 溶液

称取 3.8g $MgCl_2$，加蒸馏水稀释至 100mL。

（2）1.65mol/L KCl 溶液

称取 12.3g KCl，加蒸馏水稀释至 100mL。

（3）0.2mol/L 磷酸盐缓冲液（pH7.4）

每 500mL 由以下成分组成：

Na_2HPO_4（14.2g/500mL）440mL，$NaH_2PO_4 \cdot 2H_2O$（13.8g/500mL）60mL。调 pH 至 7.4，121℃，灭菌 20min 或滤菌。

（4）辅酶-Ⅱ（氧化型）溶液

准确称取辅酶-Ⅱ，用无菌蒸馏水溶解配制成 0.025mol/L 溶液，低温保存（−20℃以下）。

（5）6-磷酸葡萄糖-钠盐溶液

称取 6-磷酸葡萄糖-钠盐，用无菌蒸馏水溶解配制成 0.05mol/L 溶液，低温保存（—20℃以下）。

6.7 10% S-9 混合液的配制

每 10mL 由附表 6-10 所示成分组成，临用时配制。

附表 6-10 每 10mL 10% S-9 混合液成分及其含量

成分	含量/mL
磷酸盐缓冲液(0.2mol/L,pH7.4)	6
KCl 溶液(1.65mol/L)	0.2
MgCl$_2$ 溶液(0.4mol/L)	0.2
6-磷酸葡萄糖-钠盐溶液(0.05mol/L)	1
辅酶Ⅱ溶液(0.025mol/L)	1.6
肝 S-9 液	1

注：混匀，置冰浴中待用。